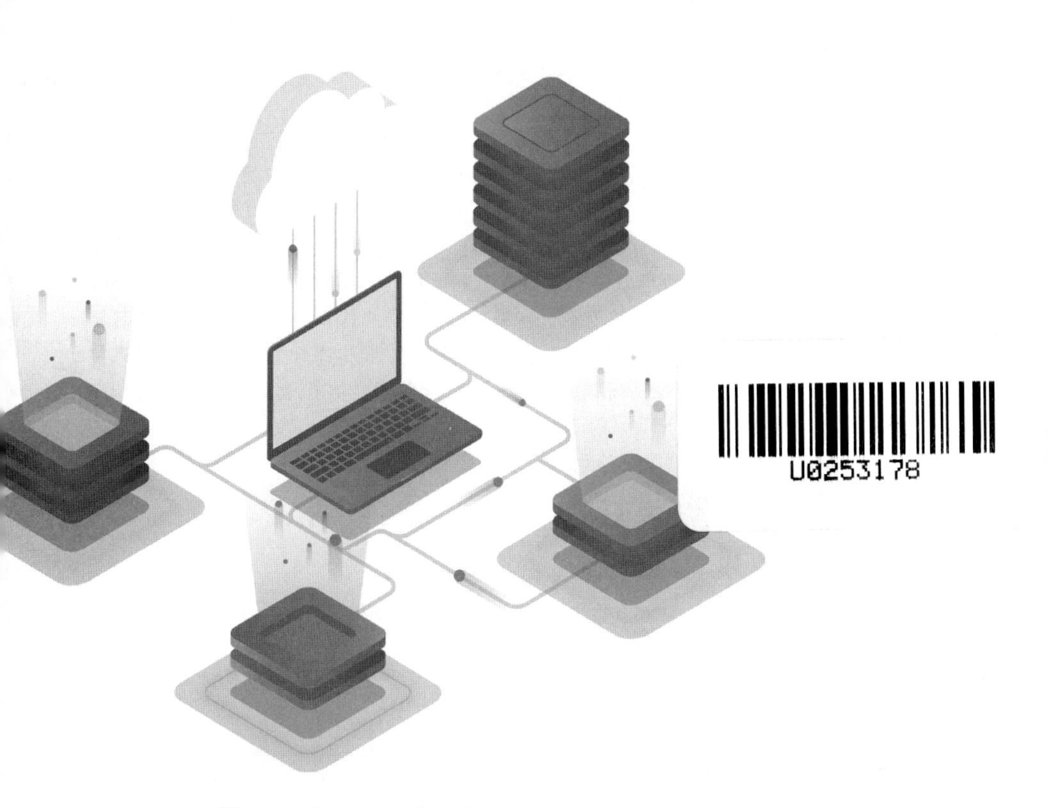

电气控制技术与应用项目式教程

许　娅■主　编

蓝旺英　张雅洁　许　莉■副主编

清華大学出版社

北　京

内 容 简 介

本书以继电接触器控制为主线，系统介绍了电气控制原理、典型控制电路和设计方法，并考虑了机、电控制技术的相互联系，内容涵盖了三相异步电动机的单向起动控制、三相异步电动机的正反转控制、三相异步电动机的减压起动控制、三相异步电动机的调速与制动控制以及直流电动机起动与正反转控制线路。本书共分5个项目、13个任务。各项目以国家维修电工职业技能标准与规范为指导，以培养学生掌握技能为目的，按照从易到难、从简单到复杂的原则进行编排，将元器件认识与检测、电路安装与调试及故障检修等知识分解于各个任务中，且每个任务中都有相应的考核要求和评分标准，便于过程教学评价。同时，在各任务结束后还安排了题型丰富的思考与练习题，可帮助读者更好地掌握岗位技能和专业知识。

本书可作为高等职业教育电气自动化、机电一体化等专业的教材，也可作为相关企业人员的培训教材和参考资料。

图书在版编目(CIP)数据

电气控制技术与应用项目式教程/许娅主编. —北京：清华大学出版社，2024. 6
ISBN 978-7-302-65080-5

Ⅰ. ①电… Ⅱ. ①许… Ⅲ. ①电气控制 Ⅳ. ①TM921.5

中国国家版本馆 CIP 数据核字(2024)第 006385 号

责任编辑：刘翰鹏
封面设计：曹 来
责任校对：李 梅
责任印制：丛怀宇

出版发行：清华大学出版社
网 址：https://www.tup.com.cn，https://www.wqxuetang.com
地 址：北京清华大学学研大厦A座 **邮 编**：100084
社 总 机：010-83470000 **邮 购**：010-62786544
投稿与读者服务：010-62776969，c-service@tup.tsinghua.edu.cn
质量反馈：010-62772015，zhiliang@tup.tsinghua.edu.cn
课件下载：https://www.tup.com.cn，010-83470410
印 装 者：三河市铭诚印务有限公司
经 销：全国新华书店
开 本：185mm×260mm **印 张**：7.75 **字 数**：178千字
版 次：2024年6月第1版 **印 次**：2024年6月第1次印刷
定 价：39.00元

产品编号：104351-01

前　　言

本书根据《中国职业教育发展白皮书》和党的二十大精神，在调研电气自动化技术专业、行业和企业需求的基础上，分析了毕业生从事本专业工作岗位所需知识，并由电气自动化技术企业专家确定了各个工作岗位的工作领域、工作任务和相应的职业能力，构建了“电气控制技术”这门专业核心课程。本书基于编者十几年的教学实践经验编写而成，力求能够更好地适应高等职业教育和科学技术的发展，进一步满足教学需要。

本书具有以下几个突出的特点。

(1) 将电气控制技术课程必须掌握的理论知识与实践技能分解到不同的项目和任务中。本书作为按照项目引领、任务驱动模式编写的特色改革教材，在内容安排上由浅入深、循序渐进，注重学生职业能力的培养。

(2) 将思政内容有机地融入教材中。本书将职业伦理操守(准则)和职业道德教育融为一体，给予学生正确的价值取向引导；注重强化学生工程伦理教育，培养学生敬业、精益、专注、创新的职业素养和工匠精神，激发学生科技报国的家国情怀和使命担当。

(3) 在任务实施过程中有明确的技术要求和评分细则。本书以评分细则为导向设计体例结构，任务编写基于低压电器、典型电气控制箱。

(4) 配套相应的数字化资源，便于读者理解教材的重点、难点。其中电气元器件的结构和原理、电气控制电路分析等微课，元器件外形图、课前测验、课堂作业、互动讨论等，可以扫描二维码观看学习。

本书由安徽水利水电职业技术学院许娅担任主编，负责全书内容的组织、统稿，并编写项目4。蓝旺英编写项目1和项目5，张雅洁编写项目2，许莉编写项目3。在本书的编写过程中，编者参考了有关书籍及论文，并引用了其中的一些资料，在此一并向这些作者表示感谢。

由于编著水平有限，书中难免存在不足之处，恳请广大读者批评、指正。

编　者

2024年2月

目　　录

项目1　三相异步电动机的单向起动控制

学习目标

(1) 了解常见低压电器图形符号和文字符号等基本知识，掌握低压电器的结构原理。

(2) 掌握三相交流异步电动机单向手动控制电路、点动正转控制电路的工作原理，能够根据电气原理图绘制电气安装接线图，按电气接线工艺要求完成电路的安装接线。

(3) 能对所接单向手动、点动正转控制电路进行检查与通电试验，会用万用表检测和排除常见的电气故障。

(4) 掌握三相交流异步电动机自锁控制电路的工作原理，并能进行电路的安装接线与调试。

任务1.1　三相异步电动机单向手动控制电路的安装接线

1.1.1　任务描述

三相笼型异步电动机具有结构简单、价格便宜、坚固耐用、维修方便等优点，因此获得了广泛应用，其电气控制系统是由电动机和各种控制电器组成的。为了使电动机按照工作要求运转，需要对电动机进行控制。传统的控制系统主要由各种低压电器组成。本任务主要介绍用于电力拖动及控制系统领域中的常用低压电器，如刀开关、熔断器、低压断路器等以及三相笼型异步电动机的单向手动控制线路。

1.1.2　任务目标

(1) 了解常见低压电器图形符号和文字符号等基本知识，掌握低压电器的结构原理。

(2) 能熟练识别低压电器规格，拆装、检修及调试低压电器；熟悉万用表等仪表、仪器的使用方法。

(3) 掌握三相交流异步电动机单向手动控制电路的工作原理，能够根据电气原理图绘制电气安装接线图，按电气接线工艺要求完成电路的安装接线。

1.1.3　知识链接

控制电器分为高压电器和低压电器。低压电器一般是指在交流50Hz、额定电压

1200V、直流额定电压1500V及以下的电路中起通断、保护、控制或调节作用的电器产品。由于在大多数用电行业及人们的日常生活中一般采用低压供电，而低压供电的输送、分配和保护，以及设备的运行和控制是靠低压电器来实现的，因此低压电器的应用十分广泛，直接影响了低压供电系统和控制系统的质量。

电器基本知识

1. 刀开关

刀开关是一种手动电器，在低压电路中用于不频繁地接通和分断电路，或用于隔离电源，故又称隔离开关。

1）刀开关的结构和安装

刀开关是一种结构较为简单的手动电器，主要由瓷柄、动触头、出线座、瓷底座、静触头、进线座、胶盖紧固螺钉和胶盖等组成，其结构如图1-1所示，其图形符号及文字符号如图1-2所示。

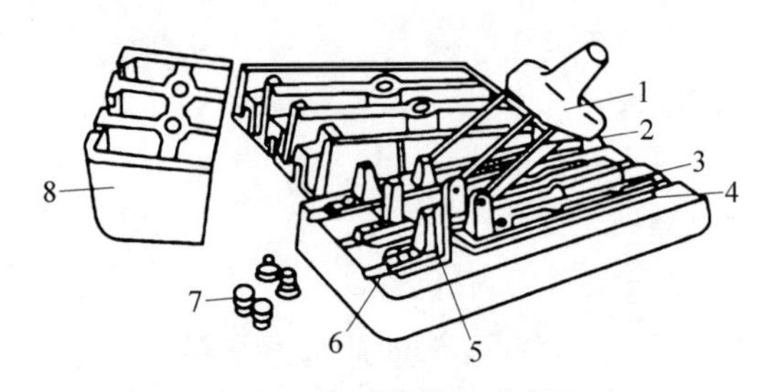

图1-1 刀开关结构示意图

1—瓷柄；2—动触头；3—出线座；4—瓷底座；5—静触头；6—进线座；7—胶盖紧固螺钉；8—胶盖

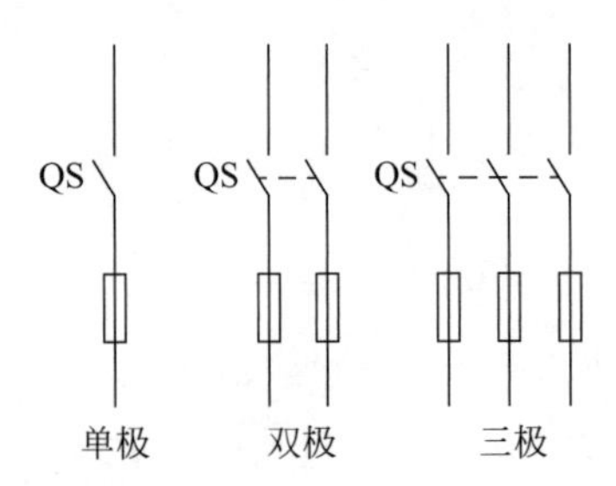

图1-2 刀开关的图形符号及文字符号

2）常用刀开关

常用刀开关有HD系列及HS系列板用刀开关、HK系列开启式负荷开关和HH系列封闭式负荷开关。

刀开关的外形如图1-3所示。刀开关的型号含义和电气符号如图1-4所示。

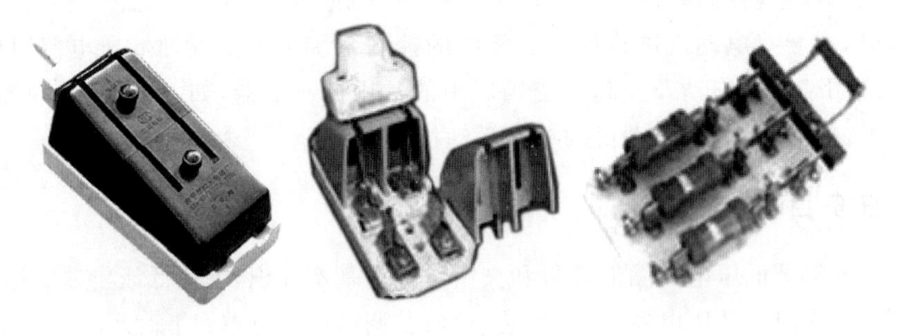

图1-3 刀开关的外形

刀开关在切断电源时会产生电弧。安装刀开关时，注意刀开关合上时其手柄应在上方，不得倒装或平装。倒装时手柄有可能因自重下滑而引起误合闸，造成安全事故。接线时，需将电源线接在熔丝上端，负载线接在熔丝下端，拉闸后刀开关与电源隔离，便于更换熔丝，可防止意外发生。

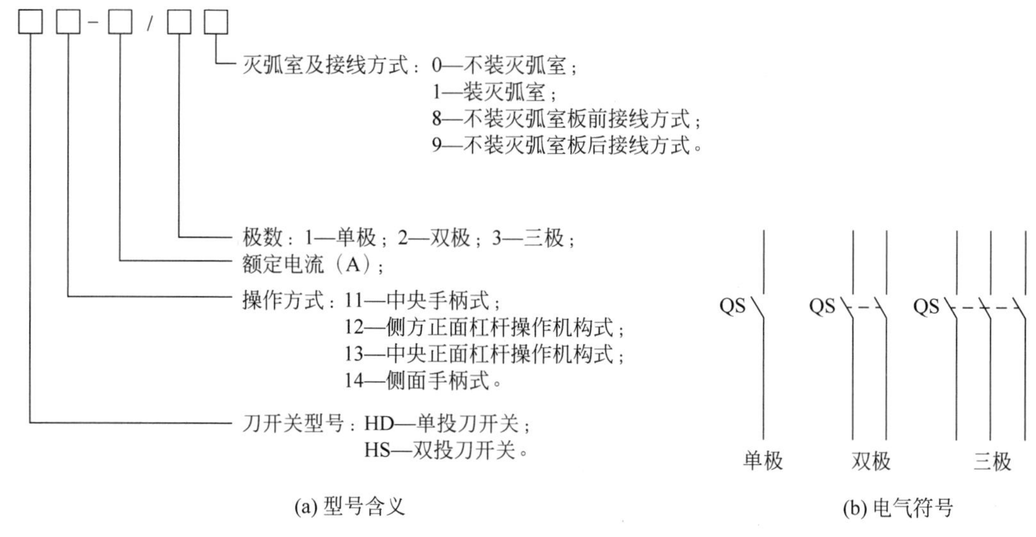

(a) 型号含义　　(b) 电气符号

图 1-4　刀开关的型号含义和电气符号

2. 熔断器

熔断器是一种结构简单、使用方便、价格低廉、控制有效的短路保护电器。

熔断器

1）熔断器的结构和工作原理

熔断器主要由熔体（俗称保险丝）和安装熔体的熔管（或熔座）组成。熔断器的熔体与被保护的电路串联，当电路正常工作时，熔体允许通过一定大小的电流而不熔断。当电路发生短路或严重过载时，熔体中流过很大的故障电流，当电流产生的热量使熔体温度升高达到熔点时，熔体熔断并切断电路，从而达到保护的目的。

2）熔断器的结构与分类

熔断器的外形结构如图 1-5 所示，其中熔体是主要部分，它既是感测元件又是执行元件。熔体由不同金属材料（铅锡合金、锌、铜或银）制成丝状、带状、片状或笼状，串接于被保护电路中。熔断管一般由硬质纤维或瓷质绝缘材料制成半封闭式或封闭式管状外壳，熔体装于其中。熔断管的作用是便于安装熔体并有利于熔体熔断时熄灭电弧。

(a) 螺旋式熔断器　　(b) 圆筒帽形熔断器　　(c) 螺栓连接熔断器

图 1-5　熔断器外形结构

熔断器的种类很多，按结构可分为半封闭插入式、螺旋式、无填料密封管式和有填料密封管式；按用途可分为一般工业用熔断器、半导体器件保护用快速熔断器和特殊熔断器（如具有两段保护特性的快慢动作熔断器、自复式熔断器）。常用的熔断器有以下几种。

（1）插入式熔断器。插入式熔断器的结构如图1-6所示，常用于380V及以下电压等级的电路末端，作为配电支线或电气设备的短路保护来使用。

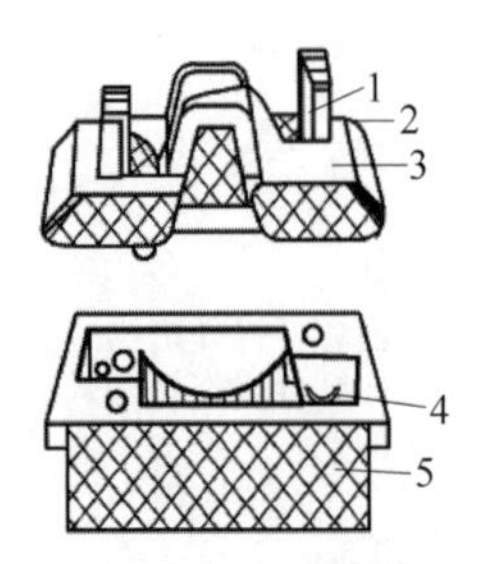

图1-6　插入式熔断器

1—动触头；2—熔体；3—瓷插件；4—静触头；5—瓷座

（2）螺旋式熔断器。螺旋式熔断器的结构如图1-7所示。熔体的上端盖有一个熔断指示器，一旦熔体熔断，可透过瓷帽上的玻璃孔观察到指示器被弹出，常用于机床电气控制设备中。螺旋式熔断器分断电流较大，可用于电压等级500V及其以下、电流等级200A及以下的电路中。

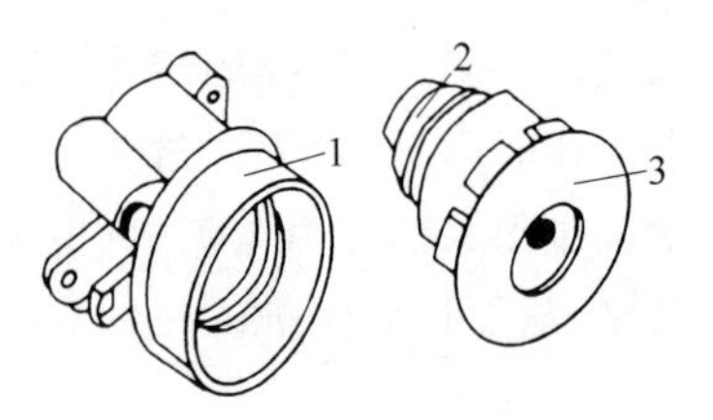

图1-7　螺旋式熔断器

1—底座；2—熔体；3—瓷帽

（3）封闭式熔断器。封闭式熔断器分为有填料封闭式熔断器和无填料封闭式熔断器两种。有填料封闭式熔断器如图1-8所示，一般为方形瓷管，内装石英砂及熔体，分断能力较强，常用于电压等级500V及以下、电流等级1kA及以下的电路中。无填料封闭式熔断器如图1-9所示，将熔体装入密闭式圆筒中，分断能力稍小，常用于500V及以下、600A及以下电力网或配电设备中。

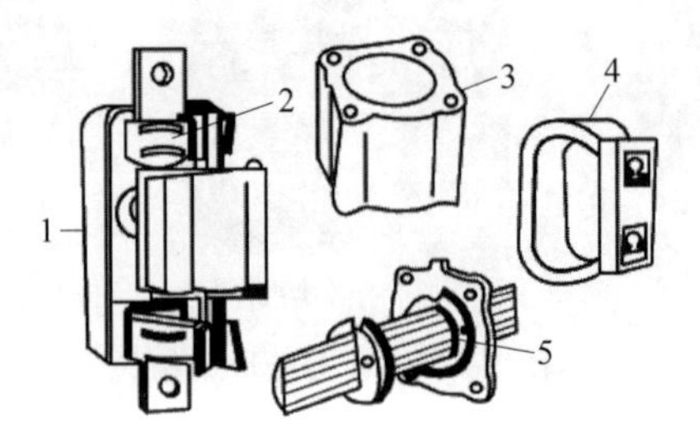

图1-8　有填料封闭式熔断器

1—瓷底座；2—弹簧片；3—管体；4—绝缘手柄；5—熔体

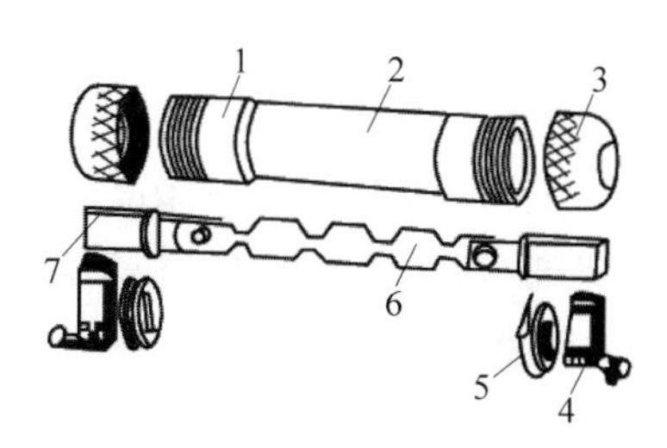

图 1-9　无填料封闭式熔断器

1—铜圈；2—熔断管；3—管帽；4—插座；5—特殊垫圈；6—熔体；7—熔片

（4）快速熔断器。快速熔断器主要用于半导体整流器件或整流装置的短路保护。由于半导体器件的过载能力很低，只能在极短时间内承受较大的过载电流，因此要求短路保护具有快速熔断的能力。快速熔断器的结构和有填料封闭式熔断器基本相同，但熔体材料和形状不同，它是用银片冲制的有 V 形深槽的变截面熔体。

（5）自复熔断器。自复熔断器采用金属钠作为熔体，在常温下具有高电导率。当电路发生短路故障时，短路电流产生高温使钠迅速气化，气态钠呈现高阻态，从而限制了短路电流；当短路电流消失后，温度下降，金属钠恢复原来的良好导电性能。自复熔断器只能限制短路电流，不能真正分断电路。其优点是不必更换熔体，可以重复使用。

熔断器的型号含义和电气符号如图 1-10 所示。

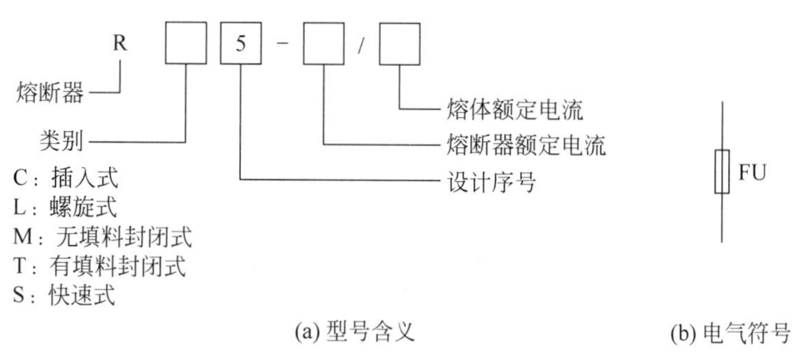

图 1-10　熔断器的型号含义和电气符号

3）熔断器的特性及参数

（1）熔断器的保护特性。熔断器的动作是靠熔体的熔断来实现的。当电流较大时，熔体熔断所需的时间较短；当电流较小时，熔体熔断所需的时间较长，甚至不会熔断。这一特性可用时间-电流特性曲线来描述，此曲线称为熔断器的保护特性曲线，如图 1-11 所示。

图 1-11 中，I_r 为最小熔化电流或称临界电流，I_{re} 为熔体额定电流。I_r 与熔体额定电流 I_{re} 之比 K 称为熔断器的熔化系数，即 $K=I_r/I_{re}$。可见 K 值小一些，对小倍数过载保护有力，但 K 也不宜接近 1，否则不仅熔体在 I_{re} 下工作温度会过高，而且还有可能因保护特性本身的误差而发生熔体在 I_{re} 下也熔断，从而影响

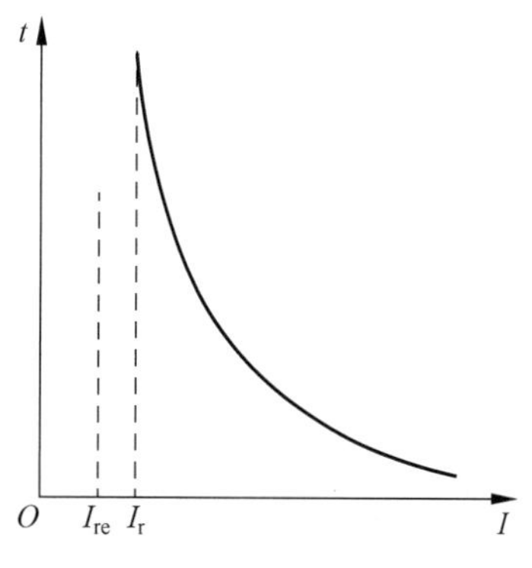

图 1-11　熔断器的保护特性曲线

熔断器工作的可靠性。

(2) 熔断器的主要参数如下。

① 额定电压：指熔断器长期工作和分断后能够承受的压力。

② 额定电流：指熔断器长期工作时，电器设备升温不超过规定值时所能承受的电流。熔断器的额定电流有两种，一种是熔管的额定电流，也称熔断器的额定电流；另一种是熔体的额定电流。

③ 极限分断能力：指熔断器在规定的额定电压和功率因数（或时间常数）条件下，能可靠分断的最大短路电流。

④ 熔断电流：指通过熔体并能使其融化的最小电流。

3. 低压断路器

断路器

低压断路器（也称自动开关）是一种既可以接通和分断正常负荷电流和过负荷电流，又可以接通和分断短路电流的开关电器。低压断路器在电路中除了起控制作用之外，还具有一定的保护功能，如过负荷、短路、过载、欠压和漏电保护等。其功能相当于熔断式断路与过流、欠压、热继电器等的组合，而且在分断故障电流后，一般不需要更换其零部件。

1）低压断路器的工作原理

低压断路器主要由触头、灭弧装置、操作机构和保护装置等组成。断路器的保护装置由各种脱扣器来实现。断路器的脱扣器形式有欠压脱扣器、过电流脱扣器、分励脱扣器等。低压断路器的结构如图 1-12 所示。

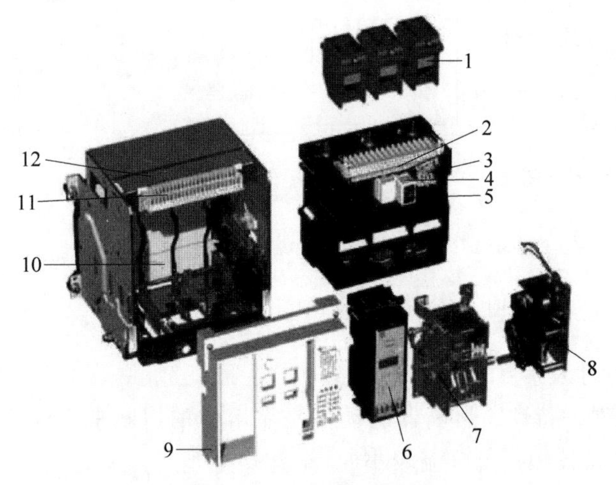

图 1-12 低压断路器结构

1—灭弧室；2—分励脱扣器；3—辅助触头；4—欠压脱扣器；5—合闸电磁铁；6—智能控制器；7—操作机构；8—电动操作机构；9—面板；10—安全隔板；11—二次回路接线端子；12—抽屉座

低压断路器的工作原理如图 1-13 所示，图形符号及文字符号如图 1-14 所示。

低压断路器的主触头 1 是靠手动操作或自动合闸。主触头 1 闭合后，自由脱扣机构 2 将主触头锁在合闸位置。过电流脱扣器 3 的线圈和电源串联。当电路发生短路或严重过载时，过电流脱扣器 3 的衔铁吸合，使自由脱扣机构 2 动作，主触头 1 断开主电路。当电路过载时，热脱扣器 5 的热元件发热使双金属片向上弯曲，推动自由脱扣机构 2 动作。当

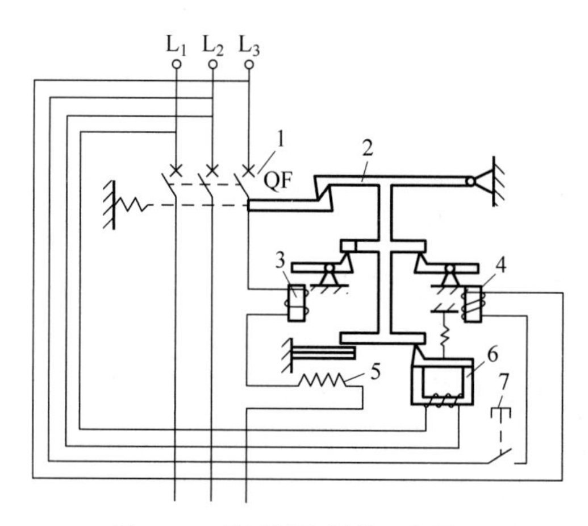

图 1-13　低压断路器的工作原理

1—主触头；2—自由脱扣机构；3—过电流脱扣器；4—分励脱扣器；
5—热脱扣器；6—欠电压脱扣器；7—起动按钮

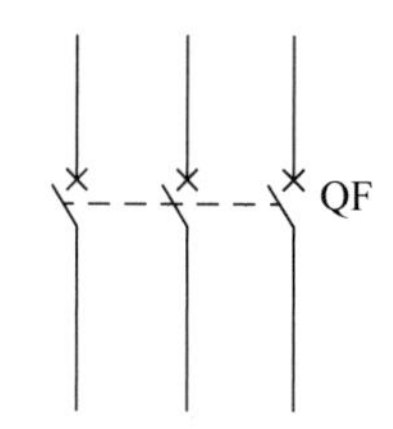

图 1-14　低压断路器的图形符号及文字符号

电路欠电压时，欠电压脱扣器 6 的衔铁释放，也使自由脱扣机构动作。分励脱扣器 4 作为远距离控制使用。在正常工作时，其线圈是断电的，在需要远距离控制时，按下起动按钮 7 使线圈得电，衔铁带动自由脱扣机构动作，使主触头断开。

2）低压断路器的类型

低压断路器的分类方式很多，按结构形式分类有 DW 系列万能式（又称框架式）断路器和 DZ 系列塑壳式断路器；按灭弧介质分类有空气式断路器和真空式断路器；按极数分类有单极式断路器、二极式断路器、三极式断路器等。低压断路器容量范围很大，最小为 4A，最大可达 5000A。

断路器的型号含义和电气符号如图 1-15 所示。

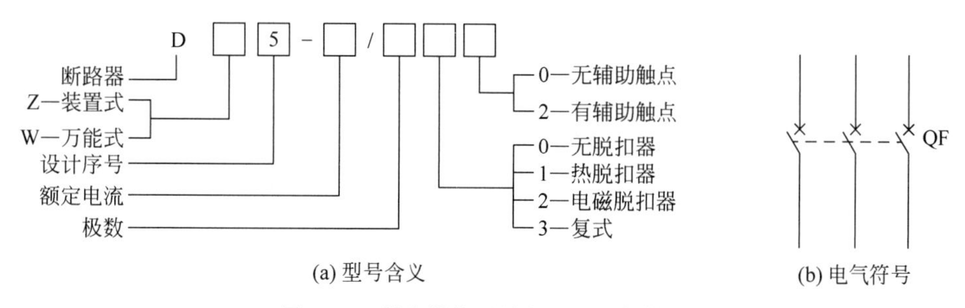

图 1-15　断路器的型号含义和电气符号

3）使用低压断路器的注意事项

（1）低压断路器投入使用时应先进行整定，按照要求整定热脱扣器的动作电流，以后不可随意旋动有关的螺钉和弹簧。

（2）在安装低压断路器时，应注意把来自电源的母线接到开关灭弧罩一侧的端子上。

（3）在正常情况下，每 6 个月应对开关进行一次检修，清除灰尘。

（4）发生断路、短路事故后，应立即对触点进行清理，检查有无熔坏现象，清除金属熔粒、粉尘，特别要把散落在绝缘体上的金属粉尘清除干净。

使用低压断路器实现短路保护比熔断器效果更好，因为三相电路短路时，很可能只有一相熔断器熔断，造成缺相运行。对于低压断路器，只要造成短路就会使开关跳闸，将三相电路同时切断。低压断路器还有其他自动保护作用，性能优越，但其结构复杂，操作频率低，价格高，因此适用于要求较高的场合，如电源总配电盘。

4. 单向手动控制电路的分析

电动机接通电源后由静止状态过渡到稳定运行状态的过程称为电动机的起动。

全压起动又称直接起动，它是通过开关或接触器将额定电压直接加在电动机的定子绕组上使电动机起动的方法。

三相笼型异步电动机可用开关或接触器进行单向全压起动控制，相应的还有手动开关控制电路与接触器控制电路。

图 1-16 所示为电动机单向全压起动开关控制电路，图 1-16(a)为刀开关控制电路，图 1-16(b)为断路器控制电路。当合上开关或断路器，电动机单向起动旋转；断开开关或断路器，电动机停转。图 1-16(a)所示控制电路具有短路保护功能，图 1-16(b)所示控制电路具有长期过载和过电流保护功能。

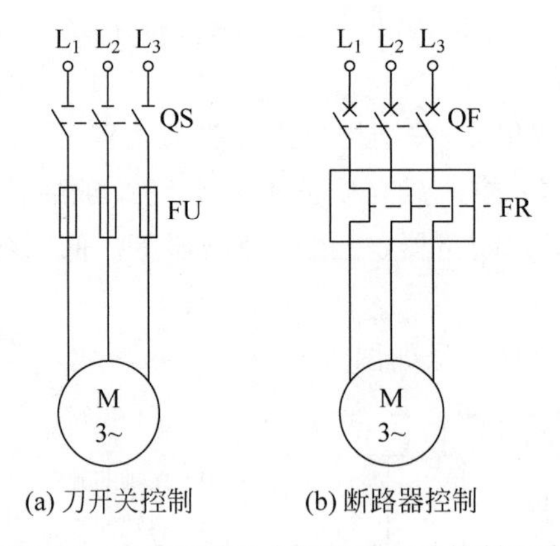

图 1-16　电动机单向全压起动开关控制电路

这种线路比较简单，对容量较小、起动不频繁的电动机来说，是经济方便的起动方法。但在容量较大、起动频繁的场合，使用这种方法既不方便，也不安全，还不能进行自动控制。因此，目前广泛采用按钮与接触器控制电动机的运转。

1.1.4　任务实施

1. 考核内容

(1) 熔断器、刀开关、低压断路器的认知与拆装。

(2) 根据线路图安装调试三相交流异步电动机单向手动运转控制线路。

(3) 掌握电动机主电路的线路安装、接线工艺。

2. 考核要求

1) 元器件识别

在实训场地准备一些不同种类的熔断器、刀开关、低压断路器,让学生识别后将元器件名称、数量以及元器件的型号规格记录在表1-1中。准备元器件时,应准备一些相近的电器产品和新品种。

表1-1　元器件明细单

序号	元器件名称	型号规格	数量	备注
1				
2				
3				
4				
5				
6				

2) 操作内容

(1) 观察控制板结构组成:低压断路器、熔断器端子排、接线槽。

(2) 安装、接线工艺。

① 检查所用元器件的外观是否完整齐全,安装是否牢固,布局是否合理。

② 导线截面选择。主电路导线的截面根据电动机容量选配,控制电路导线一般采用$1mm^2$铜芯线。

③ 板上的元器件可直接连接,槽内走线,不允许跨接。与板外元器件和设备连接时须经过端子排。

④ 接线时剥去导线绝缘层的两端并套上异形管,标上与主电路图一致的线号。导线与端子连接时,不得压绝缘层、不得露铜过多。一个接线端子上的连接导线不得多于两根。

⑤ 线路接好后,检查接线端子是否接触良好,有无错接、漏接现象。检查无误后,将线槽盖板盖上,清除控制板上的线头、碎屑等杂物。整理板表面导线,入槽处不要交叉。保持板面干净、整齐、美观。

(3) 通电试验。

3) 线路安装

(1) 配齐所用元器件,并检查元器件质量。

(2) 根据原理图画出布置图。

(3) 根据元器件布置图安装元器件,各元器件的安装要整齐、匀称、间距合理,便于元器件的更新，元器件紧固时用力要均匀，紧固程度适当。

(4) 布线。布线时以接触器为中心，由里向外、由低至高，按照先电源电路、再控制电路、后主电路进行，以不妨碍后续布线为原则。

(5) 整定热继电器。

(6) 连接电动机和按钮金属外壳的保护接地线。

(7) 连接电动机和电源。

(8) 检查。通电前，应认真检查有无错接、漏接，以避免造成不能正常运转或短路事故。

(9) 通电试车。试车时，注意观察接触器情况。观察电动机运转是否正常，若有异常现象应马上停车。

(10) 试车完毕，应遵循停转、切断电源、拆除三相电源线、拆除电动机线的顺序结束工作。

3. 评分标准

技能自我评分标准见表1-2和表1-3。

表1-2 “元器件认识”技能自我评分标准

项　目	技术要求	配分	评分细则	评分记录
元器件识别	正确识别元器件	70	元器件识别错误，每个扣5分	
			元器件认识型号错误，每个扣3分	
			规格错误，每个扣2分	
回答问题	正确回答3个问题	30	回答错误，每个扣10分	

表1-3 “三相交流异步电动机手动运转控制线路的安装”技能自我评分标准

项　目	技术要求	配分	评分细则	评分记录
安装前检查	正确无误检查所需元器件	5	元器件漏检或错检，每个扣1分	
安装元器件	按布置图合理安装元器件	15	不按布置图安装，扣3分； 元器件安装不牢固，每个扣0.5分； 元器件安装不整齐、不合理，扣2分； 损坏元器件，扣10分	
布线	按控制接线图正确接线	40	不按控制线路图接线，扣10分； 布线不美观，主线路、控制线路每根扣0.5分； 接点松动，露铜过长，反圈，压绝缘层，标记线号不清楚、遗漏或误标，每处扣0.5分； 损伤导线，每处扣1分	
通电试车	正确整定元器件，检查无误，通电试车一次成功	40	熔体选择错误，每组扣10分； 试车不成功，每返工一次扣5分	
额定工时为120min	超时，此项从总分中扣分		每超过5min，从总分中扣除3分，但不超过10分	
安全、文明生产	按照安全、文明生产要求		违反安全、文明生产，从总分中扣除5分	

1.1.5　拓展知识：电气控制系统图的分类及电气原理图的绘制

电气控制系统是由电气控制元器件按一定的要求连接组成。为了清晰地表达机械电气控制系统的工作原理，便于电气控制系统的安装、调试、使用和维修，通常会将电气控制系统中的各电气元器件用一定的图形符号和文字符号表达出来，再将其连接情况用一定的图形反映出来，这种图形就是电气控制系统图，它用来描述电气控制设备的结构、工作原理和技术要求。常用的电气控制系统图有电气原理图、电气元器件布置图与电气安装接线图。电气控制系统图必须采用符合国家电气制图标准及国际电工委员会(IEC)颁布的有关文件要求，用统一标准的图形符号、文字符号及规定的画法绘制。

1. 电气原理图

电气原理图是用来说明电路各个电气元器件导电部件的连接关系和工作原理的图。此图应根据简单、清晰的原则，采用电气元器件展开的形式绘制而成，它不按电气元器件的实际位置绘制，也不反映电气元器件的大小、形状和安装位置，只用电气元器件导电部件及其接线端钮表示电气元器件，用导线将电气元器件导电部件连接起来，以反映其连接关系。所以电气原理图结构简单、层次分明，适用于分析研究电路的工作原理，在设计部门和生产现场得到广泛应用。

现以CW6132型普通车床电气原理图为例，阐明绘制电气原理图的原则和注意事项。图1-17所示为CW6132型普通车床电气原理图。

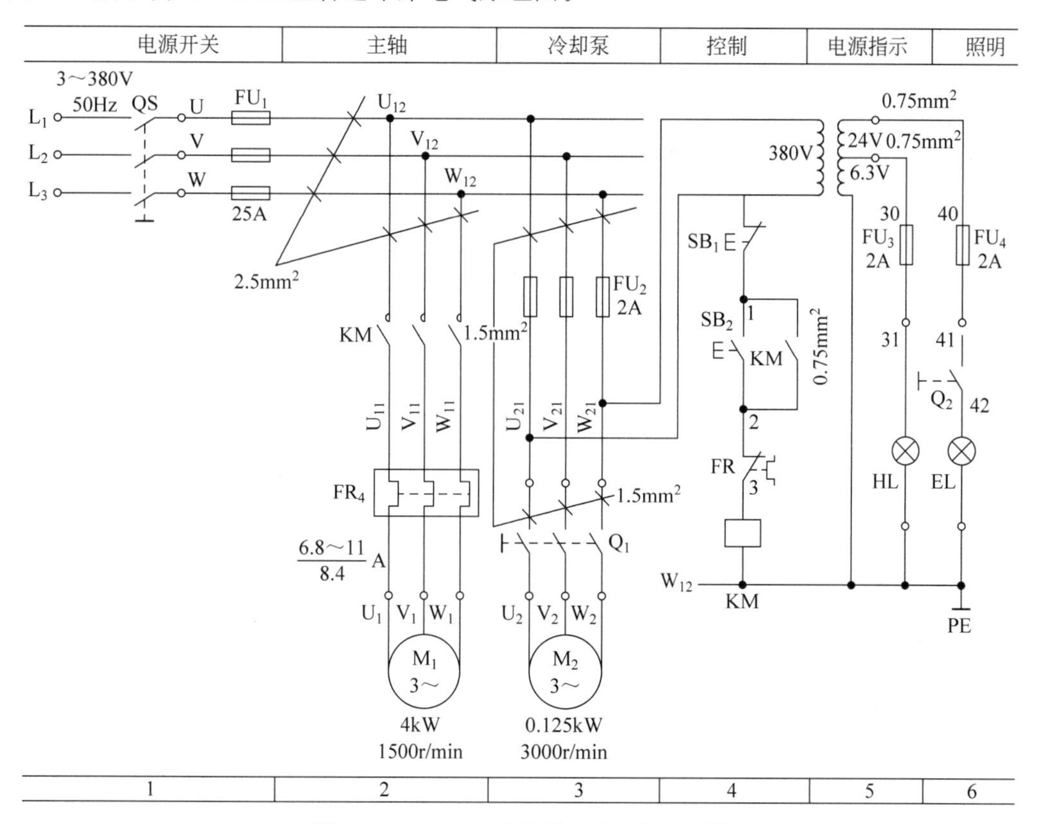

图1-17　CW6132型普通车床电气原理图

电气原理图是说明电气设备工作原理的线路图。在电气原理图中并不考虑电气元器件的实际安装位置和实际连线情况，只是把各元器件按接线顺序用符号展开在平面图上，用直线将各元器件连接起来。如图 1-18 所示为三相笼型异步电动机控制电气原理图。

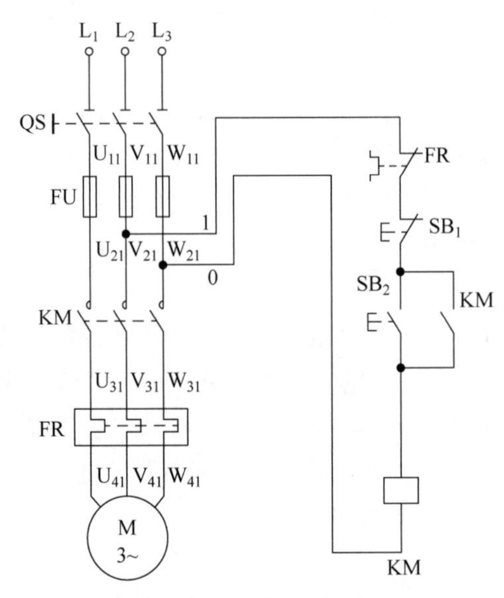

图 1-18 三相笼型异步电动机控制电气原理图

在阅读和绘制电气原理图时应注意以下几点。

(1) 电气原理图中各元器件的文字符号和图形符号必须按标准绘制和标注。同一电器的所有元器件必须用同一文字符号标注。

(2) 电气原理图应按功能进行组合，同一功能的电气相关元器件应画在一起，但同一电器的各部件不一定画在一起。电路应按动作顺序和信号流程自上而下或自左向右排列。

(3) 电气原理图分主电路和控制电路，一般主电路在左侧，控制电路在右侧。

(4) 电气原理图中各电器应该是未通电或未动作的状态，二进制逻辑器件应是置零的状态，机械开关应是循环开始的状态，即按电路“常态”画出。

2. 绘制电气控制线路

电气控制系统是由许多电气元器件按一定要求连接而成的。为便于设计、阅读、安装和维修，电气线路图可绘制成电气原理图、电器布置图、电气安装接线图等不同的形式，本部分主要介绍电气原理图的绘制原则、分析方法及常用图形和文字符号。

电气控制线路图是工程技术的通用语言，为了便于交流与沟通，在电气控制线路中，各种电气元器件的图形、文字符号必须符合国家标准。为了便于掌握引进技术和先进设备，便于国际交流和满足国际市场的需要，国家标准局参照国际电工委员会(IEC)公布的相关文件，制定了我国电气设备相关国家标准，采用新的图形和文字符号及回路标号，颁布了《电气图常用图形符号》(GB/T 4728—2000)、《电气制图》(GB 6988—1986)和《电气技术中的文字符号制定通则》(GB 7159—1987)。表 1-4 列出了常用电气图形和文字符号，以供参考。

表 1-4　常用电气图形和文字符号

名　　称	子项	图形符号	文字符号
三极电源开关		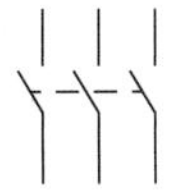	QS
低压断路器		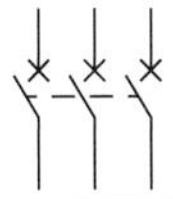	QF
位置开关	常开触头		
	常闭触头		SQ
	复合触头	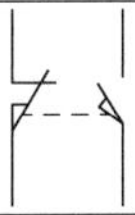	
熔断器		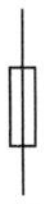	FU
转换开关		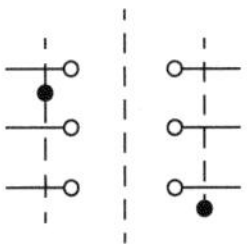	SA
按钮	起动		
	停止		SB
	复合	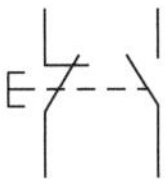	
接触器	线圈	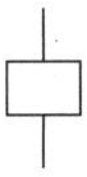	
	主触头		
	常开辅助触头		KM
	常闭辅助触头		

名　　称	子项	图形符号	文字符号
速度继电器	常开触头	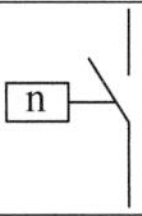 n	KS
	常闭触头	n	
时间继电器	线圈	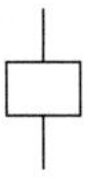	
	常开延时闭合触头	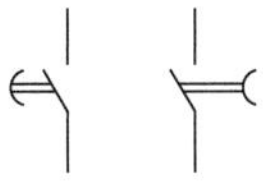	
	常闭延时打开触头	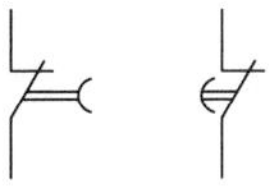	KT
	常开延时打开触头	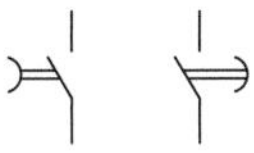	
	常闭延时闭合触头	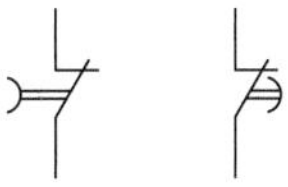	
制动电磁铁		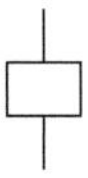	YB
继电器	中间继电器线圈	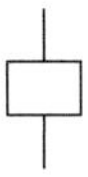	KA
	过流继电器线圈	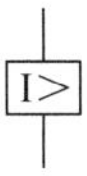 I>	
	欠压继电器线圈	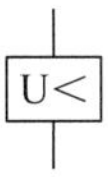 U<	KV
	常开触头		同线圈符号保持一致
	常闭触头		
	欠电流继电器线圈	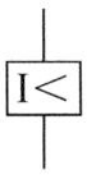 I<	KI

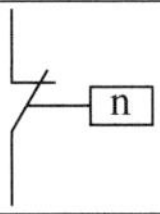

续表

名称		图形符号	文字符号	名称	图形符号	文字符号
热继电器	热元器件		FR	串励直流电机		ZD
	常闭触头			并励直流电机		
电磁离合器			YC	他励直流电机		
电位器			RP	复励直流电机		
整流桥			VC	直流发电机		ZF
照明灯			EL	三相笼型异步电机		D
信号灯			HL	三相绕线异步电机		D
电阻			R	单相变压器		T
插座			X	三相自耦变压器		T
电磁铁			YA	二极管		V

1）图形符号

图形符号通常是指用于图样或其他表示一个设备或概念的图形、标记或字符。图形符号由符号要素、一般符号及限定符号构成。

（1）符号要素。符号要素是一种具有确定意义的简单图形，必须同其他图形组合才能构成一个设备或概念的完整符号。例如，三相绕线式异步电动机是由定子、转子、引线等几个符号要素构成的，这些符号要求有确切的含义，但一般不能单独使用，其布置也不一定与符号所表示设备的实际结构相一致。

（2）一般符号。一般符号用于表示同一类产品和此类产品特性的一种简单的符号，它们是各类元器件的基本符号。例如，一般电阻器、电容器和具有一般单向导电性的二极管的符号。一般符号不但广义上代表各类元器件，也可以表示没有附加信息或功能的具体元器件。

（3）限定符号。限定符号是用以提供附加信息的一种加在其他符号上的符号。例如，在电阻器一般符号的基础上，加上不同的限定符号就可以组成可变电阻器、光敏电阻器、热敏电阻器等具有不同功能的电阻器，即限定符号可以使图形符号具有多样性。

限定符号一般不能单独使用。一般符号有时也可以作为限定符号。例如，电容器的一般符号加到二极管的一般符号上就构成变容二极管的符号。

图形符号在使用时要注意以下几点。

（1）所有符号均应处于无电压、无外力作用的正常状态（常态）。例如，按钮未按下、闸刀未合闸等情况。

（2）在图形符号中，某些设备元器件有多个图形符号。在能够表达其含义的情况下，尽可能采用最简单形式，在同一图中使用时，应采用同一形式。图形符号的大小和线条的粗细应基本一致。

（3）为适应不同需求，可将图形符号根据需要放大或缩小，但各符号相互间的比例应该保持不变。图形符号绘制时方位不是固定的，在不改变符号本身含义的前提下，可将图形符号根据需要旋转或镜像放置。

（4）图形符号中的导线符号可以用不同宽度的线条表示，以突出和区分某些电路或连接线。一般常将电源或主信号导线用加粗的实线表示。

2）文字符号

电气图中的文字符号用于标明电气设备、装置和元器件的名称、功能、状态和特征，可标注在电气设备、装置和元器件上或其旁边，以电气设备、装置和元器件种类的字母代码和功能字母代码表示。电气技术中的文字符号分为基本文字符号和辅助文字符号。

（1）基本文字符号。基本文字符号分为单字母符号和双字母符号两种。

单字母符号是用拉丁字母将各种电气设备、装置和元器件划分为23大类，每一类用一个字母表示。例如，R代表电阻器，M代表电动机，C代表电容器等。

双字母符号由一个代表种类的单字母符号与另一字母组成，并且是单字母符号在前，另一字母在后。双字母中在后的字母通常选用该类设备、装置和元器件的英文名词的首字母，从而使双字母符号可以较详细、更具体地描述电气设备、装置和元器件的名称。例如，RP代表电位器，RT代表热敏电阻，MD代表直流电动机，MC代表笼型异步电动机。

(2) 辅助文字符号。辅助文字符号用来表示电气设备、装置和元器件以及线路的功能、状态和特征，通常也是由英文单词的前一两个字母构成。例如，DC 代表直流，IN 代表输入，S 代表信号。

辅助文字符号一般放在单字母文字符号后面，构成组合双字母符号。例如，Y 是电气操作机械装置的单字母符号，B 代表制动的辅助文字符号，YB 代表制动电磁铁的组合符号。辅助文字符号也可单独使用。例如，ON 代表闭合，N 代表中性线。

主电路标号由文字符号和数字组成。文字符号用来标明主电路的元器件或线路的主要特征；数字标号用来区别电路的不同线段。三相交流电源引入线采用 L_1、L_2、L_3 标号，电源开关之后的三相交流电源主电路分别标 U、V、W。

控制电路由 3 位以上的数字组成，交流控制电路的标号一般以主要压降元器件（如电气元件线圈）为分界，左侧用奇数标号，右侧用偶数标号。直流控制电路中正极按奇数标号，负极按偶数标号。

3. 电气原理图的绘图原则

根据简单清晰的原则，原理图采用电气元器件展开的形式绘制。它包括所有电气元器件的导电部件和接线端点，但并不按照电气元器件的实际位置来绘制，也不反映电气元器件的大小。

1) 电气原理图的绘制原则概述

电气原理图一般分为主电路和辅助电路两部分。主电路指从电源到电动机的大电流通过的电路；辅助电路包括控制电路、照明电路、信号电路及保护电路等。

控制系统内的全部电机、电器和其他器械的带电部件都应在原理图中表示出来。

无论是主电路还是辅助电路，各元器件一般应按动作顺序从上到下、从左到右依次排列。

原理图中各电气元器件和部件在控制线路中的位置，应根据便于阅读的原则安排。同一电气元器件的各个部件可以不画在一起。但必须采用同一文字符号标明。

原理图中各个电气元器件不使用实际的外形图，而采用国家规定的统一标准图形符号，文字符号也要符合国家标准的规定。

图中元器件和设备的可动部分，应按没有通电和没有外力作用时的开闭状态画出。例如，继电器、接触器的触点，按吸引线圈不通电状态画出，控制器按手柄处于零位时的状态画出，按钮、行程开关触点按不受外力作用时的状态画出。

原理图中，有直接联系的交叉导线连接点用实心圆点表示；可拆卸或测试点用空心圆点表示；无直接联系的交叉点则不画圆点。

对与电气控制有关的机、液、气等装置，应用符号绘出简图以表示其关系。

2) 图幅分区及符号位置索引

为了便于检索电气线路，方便阅读电气原理图，往往需要将图面划分为若干区域。

图幅分区的方法是：在图的边框处，竖边方向用大写拉丁字母，横边方向用阿拉伯数字，编写顺序应从左上角开始，如图 1-19 所示。

在具体使用时，水平布置的电路一般只需标明行的标记；垂直布置的电路一般只需标明列的标记；复杂的电路才采用组合标记。字母在前，数字在后。

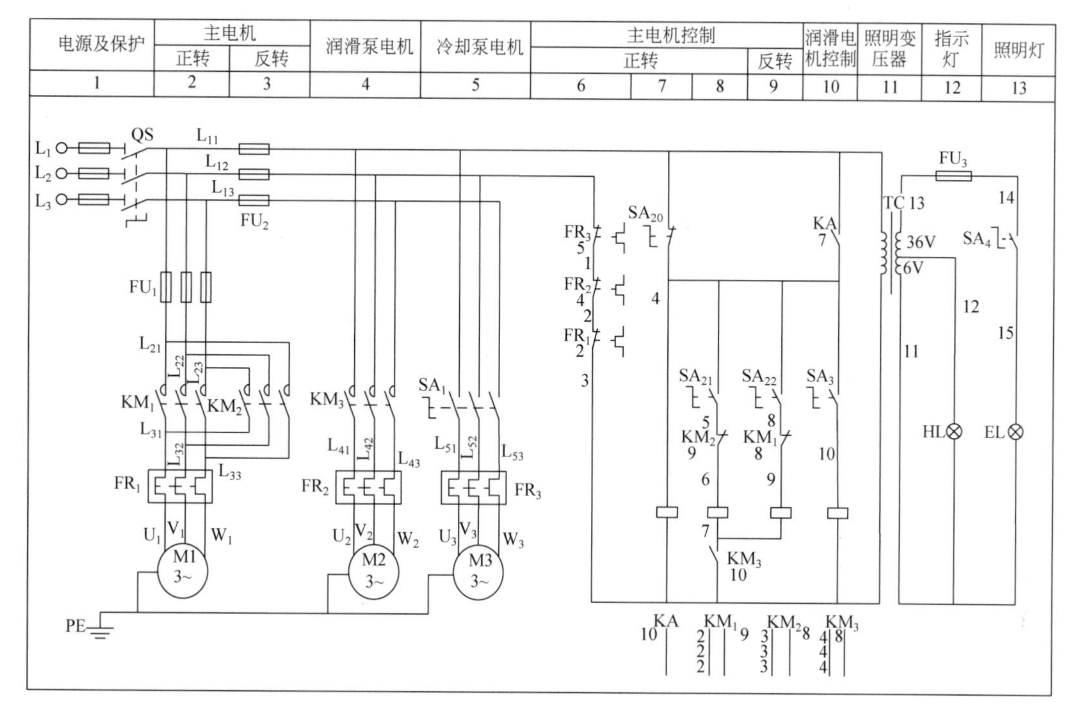

图 1-19　图幅分区示例

在图的上方一般还设有用途栏，用文字注明该栏对应的电路或元器件的功能，以便于理解全电路的工作原理。

1.1.6　思考与练习

1. 判断题

（1）安装开启式负荷开关时，合用状态时的手柄应向上。　（　）

（2）闸刀开关可以用于分断堵转的电动机电源。　（　）

（3）异步电动机直接起动时的起动电流为额定电流的 4～7 倍，所以电路中配置的熔断器的额定电流也应按电动机额定电流的 4～7 倍来选择。　（　）

（4）熔体的额定电流应小于或等于熔断器的额定电流。　（　）

（5）电气原理图中同一电器的各个带电部件可以不画在一起。　（　）

（6）用低压断路器作为机床电路的电源引入开关，一般就不再需要安装熔断器做短路保护。　（　）

2. 单项选择题

（1）下列各型号熔断器中，分断能力最强的型号是（　）。

A. RL6　　B. RCIA　　C. RM10　　D. RT14

（2）螺旋式熔断器与金属螺纹壳相连的接线端应与（　）相连。

A. 负载　　B. 电源　　C. 负载或电源　　D. 不确定

（3）同一电器的各个部件在图中可以不画在一起的图是（　）。

A. 电气原理图　　B. 电器布置图

C. 安装接线图　　D. 电气原理图和安装接线图

(4) 在异步电动机直接起动控制电路中，熔断器额定电流一般应取电动机额定电流的(　　)。

A. 4～7 倍　　B. 2.5～3 倍　　C. 1 倍　　D. 1.5～2.5 倍

(5) 低压断路器不能切除(　　)故障。

A. 过载　　B. 短路　　C. 失电压　　D. 欠电流

3. 问答题

(1) 什么是低压电器？什么是低压控制电器？

(2) 低压断路器设有哪些脱扣器？它们的作用是什么？

(3) 熔断器的额定电流、熔体的额定电流和熔断器的极限分断电流三者各有何不同？

(4) 保护一般照明线路应如何选择熔体的额定电流？保护一台电动机和多台电动机应如何分别选择熔体的额定电流？

(5) 什么是电气原理图，绘制电气原理图的原则是什么？

(6) 电动机常用的保护环节有哪些？

(7) 电动机短路保护、过载保护、过电流保护有哪些相同和不同之处？

任务 1.2　三相交流异步电动机点动正转控制电路的安装接线

1.2.1　任务描述

本任务主要介绍用于电力拖动及控制系统领域中的常用低压电器，如组合开关、接触器、按钮以及三相笼型异步电动机单向手动控制线路。

1.2.2　任务目标

(1) 认识低压电器组合开关、接触器、按钮的图形符号和文字符号，掌握其结构原理。

(2) 能识别组合开关、接触器、按钮的规格，并能进行拆装、检修及调试。

(3) 熟悉万用表等仪表、仪器的使用方法。

(4) 掌握三相交流异步电动机点动正转控制电路的工作原理，能够根据电气原理图绘制电气安装接线图，并能按电气接线工艺要求完成电路的安装接线。

(5) 处理排查通电试车中出现的故障。

1.2.3　知识链接

1. 组合开关

1) 组合开关的结构

组合开关也是一种刀开关，它的刀片是转动式的，操作比较轻巧。HZ10/10-3 型组合开关的外形和结构如图 1-20 所示。它的双断点动触头(刀片)和静触头装在数层封闭的绝缘件内，采用层装式结构，其层数由动触头数量决定。动触头装在操作手柄的转轴上，随转轴旋转而改变各对触头的通断状态。所以组合开关实际是一个多断点、多位置可以控制多个回路的开关电器。由于采用了扭簧储能，所以开关可以快速接通和分断电路，且与手柄旋转速度无关。因此，它不仅可用于不频繁接通与分断电路、转接电源和负载，还可以用于控制小容量异步电动机的正反转和星形-三角形降压起动等。常用的产品有HZ5、HZ10、HZ15系列。

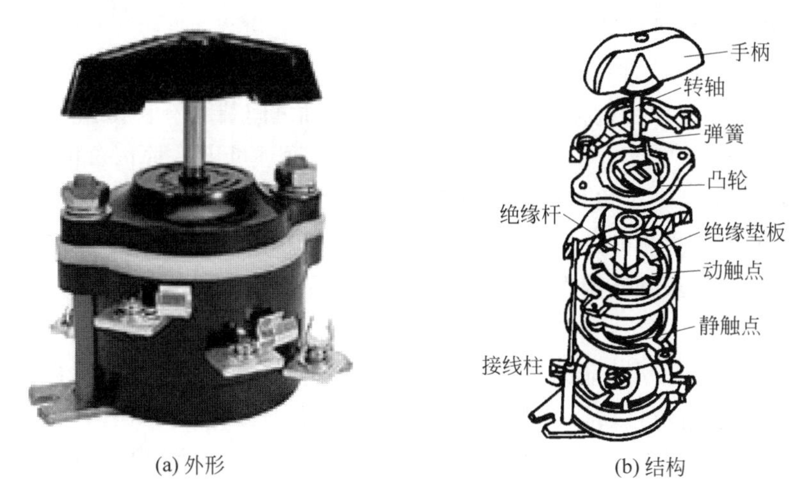

(a) 外形　　(b) 结构

图 1-20　HZ10/10-3 型组合开关的外形和结构示意

2）组合开关的符号及文字

组合开关的符号及文字如图 1-21 所示。

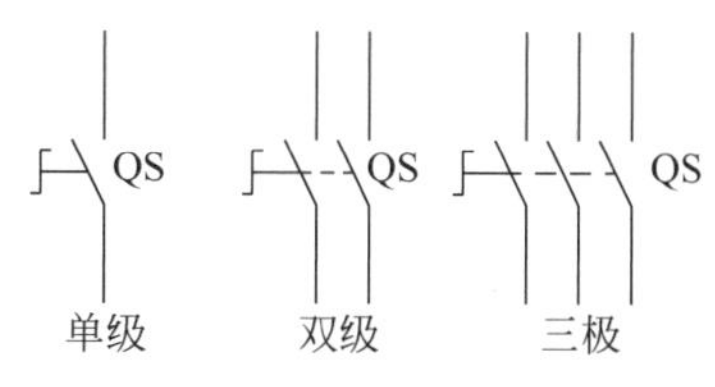

图 1-21　组合开关的符号及文字

HZ 系列转换开关型号(HZ10 -□□/□)从左至右符号的含义为 HZ——组合开关；10——设计序号；□——额定电流；□——类型(P 为二路切换；S 为三路切换)；□——极数。

HZ10 系列转换开关的主要技术数据见表 1-5。

表 1-5　HZ10 系列转换开关的主要技术数据

型　号	额定电流	极数	额定交流电压/V	额定直流电压/V
HZ10-10	10	2、3	380	220
HZ10-25	25	2、3	380	220
HZ10-60	60	2、3	380	220
HZ10-100	100	2、3	380	220

3）组合开关的选用

(1) 用于一般照明、电热电路时，其额定电流应大于或等于被控电路的负载电流总和。

(2) 用作设备电源引入开关时,其额定电流应稍大于或等于被控电路的负载电流总和。

(3) 用于直接控制电动机时,其额定电流一般取电动机额定电流的2～3倍。

4) 组合开关的常见故障

(1) 手柄转动90°后,内部触点未动。原因可能是:手柄上的三角形或半圆形缺口磨损严重,不起作用;操作机构损坏;绝缘座与绝缘方轴之间装配不紧或磨损。

(2) 手柄转动90°后,三对动、静触点不能同时接通或断开。原因可能是:触点失去弹性、烧损或有污垢;开关修理后触点位置装配不正确。

(3) 组合开关发生相间短路。原因可能是:动、静触点接触不良而发热,将胶木烧焦,失去绝缘性能;铁屑或油污附在接线柱间形成导电层。

2. 接触器

接触器是一种根据外来输入信号利用电磁铁操作,频繁地接通或断开交流、直流主电路或大容量控制电路的自动切换电器。接触器主要用于控制电动机、电焊机、电热设备、电容器组等。其工作原理为:当电磁铁线圈得电,电磁铁吸合,带动接触器触点闭合,电路接通。线圈失电时,电磁铁在弹簧力作用下释放,接触器触点断开,电路断开。

接触器

接触器不仅能实现远距离集中控制,而且操作频率高、控制容量大,具有低压释放保护、工作可靠、使用寿命长和体积小等优点,是继电器—接触器控制系统中最重要和最常用的电器之一。

接触器的基本参数包括:主触点的额定电压、主触点允许切断电流、触点数、线圈电压、操作频率、机械寿命和电寿命等。目前常用的接触器,其额定电流最大可达2500A,允许接通次数为150～1500次/h,总寿命可达到1500万～2000万次。

接触器按操作方式分为电磁接触器、气动接触器和电磁气动接触器;按灭弧介质分为空气电磁接触器、油浸式接触器和真空接触器等。最常用的分类是按照接触器主触点控制的电路种类来划分,即将接触器分为交流接触器和直流接触器两大类。目前在控制电路中多数采用交流接触器。

1) 交流接触器

(1) 交流接触器的结构如下。

交流接触器由电磁机构、触点系统、灭弧装置及其他辅助部件4部分组成。它的外形结构和符号如图1-22所示。

① 电磁机构。电磁机构由线圈、动铁心(衔铁)和静铁心组成,其作用是将电磁能转换成机械能,产生电磁吸力,带动触点动作。

② 触点系统。触点系统包括主触点和辅助触点。主触点用于接通或断开主电路,通常为3对常开触点。辅助触点用于控制电路,起控制其他元器件接通或分断及电气联锁作用,故又称联锁触点,一般有多对常开、常闭触点。

③ 灭弧装置。容量在10A以上的接触器都有灭弧装置。对于小容量的接触器,常采用双断口触点灭弧、电动力灭弧、相间弧板隔弧及陶土灭弧罩灭弧;对于大容量的接触器,采用窄缝灭弧及栅片灭弧。

④ 其他辅助部件。其他辅助部件包括反作用弹簧、缓冲弹簧、触点压力弹簧、传动机

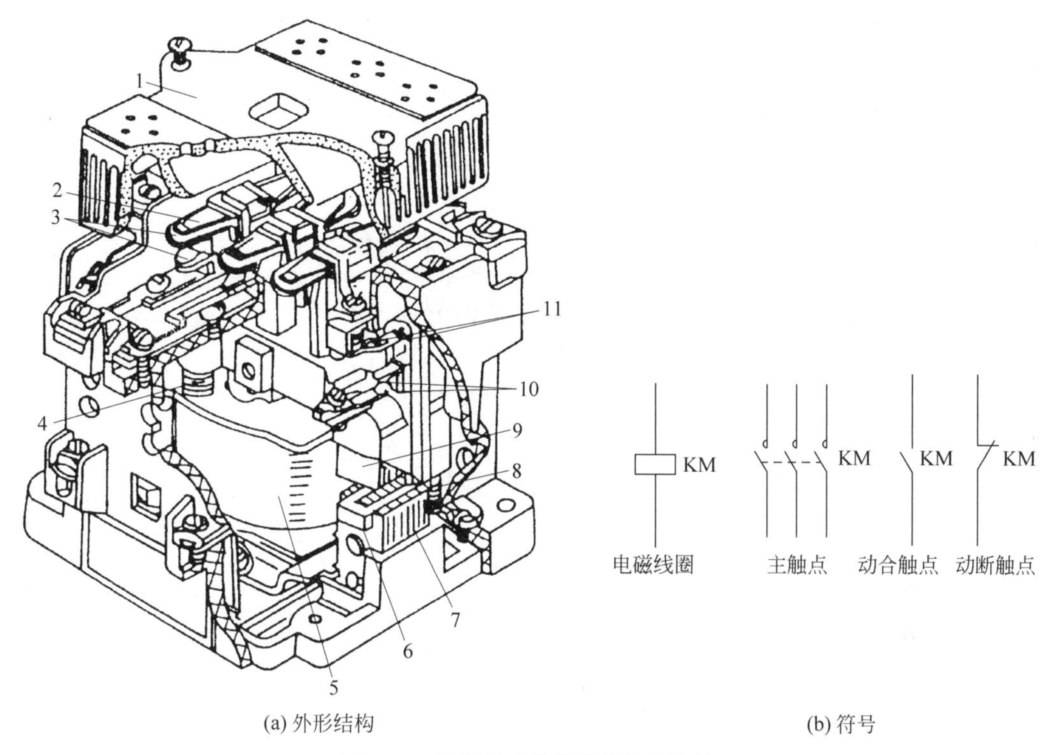

(a) 外形结构　(b) 符号

图 1-22　交流接触器外形结构及符号

1—灭弧罩；2—触点压力弹簧片；3—主触点；4—反作用弹簧；5—线圈；6—短路环；7—静铁心；8—弹簧；9—动铁心；10—辅助常开触点；11—辅助常闭触点

构、支架及外壳等。

当接触器线圈通电后，在铁心中产生磁通及电磁吸力。此电磁吸力克服弹簧反力使衔铁吸合，带动触点机构动作，常闭触点打开，常开触点闭合，互锁或接通线路。线圈失电或线圈两端电压显著降低时，电磁吸力小于弹簧反力，使衔铁释放，触点机构复位，断开线路或解除互锁。

接触器实物如图 1-23 所示。

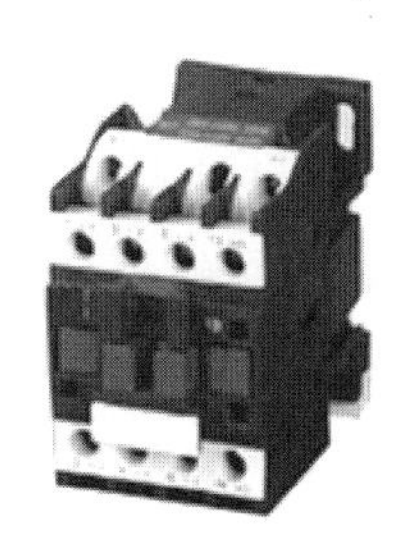

图 1-23　接触器实物图

(2) 交流接触器的工作原理如下。

交流接触器动作原理如图 1-24 所示。线圈得电以后，产生的磁场将铁心磁化，吸引动铁心克服反作用弹簧的弹力，向静铁心运动，拖动触点系统运动，使常开触点闭合、常闭触点断开。一旦电源电压消失或者显著降低,导致电磁线圈没有激磁或激磁不足时,动铁心就会因电磁吸力消失或过小而在反作用弹簧的弹力作用下释放,使动触点与静触点脱离,触点恢复线圈未通电时的状态。

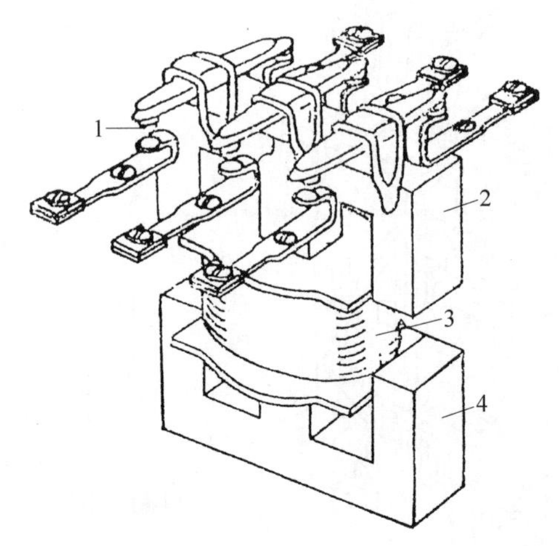

图 1-24 交流接触器动作原理图

1—主触点;2—动触点;3—电磁线圈;4—静铁心

2) 直流接触器

直流接触器的结构和工作原理基本与交流接触器相同,结构也是由电磁机构、触点系统和灭弧装置等部分组成,但在电磁机构方面有所不同。由于直流电弧比交流电弧更难以熄灭,所以直流接触器常采用磁吹式灭弧装置灭弧。

3) 接触器的主要技术参数

接触器的主要技术参数有极数和电流种类、额定工作电压、额定电流、通断能力、线圈额定电压、允许操作频率、寿命、使用类别等。

(1) 接触器的极数和电流种类。接触器按其主触点的个数可分为两极、三极和四极接触器;按其主电路的电流种类,可分为交流接触器和直流接触器。

(2) 额定工作电压。额定工作电压指主触点之间正常工作电压值,也就是主触点所在电路的电源电压。直流接触器的额定电压有 110V、220V、440V、660V;交流接触器的额定电压有 220V、380V、500V、660V 等。

(3) 额定电流。额定电流指接触器触点在额定工作条件下的电流值。直流接触器的额定电流有 40A、80A、100A、150A、250A、400A 及 600A;交流接触器的额定电流有 10A、20A、40A、60A、100A、150A、250A、400A 及 600A。

(4) 通断能力。通断能力指接触器主触点在规定条件下能可靠接通和分断的电流值。在此电流值下接通电路时,主触点不应造成熔焊。在此电流值下分断电路时,主触点不应发生长时间燃弧。一般通断能力是额定电流的 5~10 倍。这一数值与开断电路的电压等级有关,电压越高,通断能力越小。

(5) 线圈额定电压。线圈额定电压指接触器正常工作时线圈上所加的电压值。选用时,一般交流负载用交流接触器,直流负载用直流接触器,但对动作频繁的交流负载可采用使用直流线圈的交流接触器。

(6) 允许操作频率。允许操作频率指接触器每小时允许操作次数的最大值。

(7) 寿命。接触器的寿命包括电气寿命和机械寿命。目前接触器的机械寿命已达1000万次以上，电气寿命约是机械寿命的5%～20%。

(8) 使用类别。接触器用于不同负载时，其对主触点的接通与分断能力要求也不同，应按不同使用条件选用相应使用类别的接触器。根据低压电器基本标准的规定，接触器的使用类别比较多，其中用于电力拖动控制系统中常见的接触器使用类别及典型用途见表1-6。

表1-6　接触器使用类别及典型用途

电流种类	使用类别	典型用途
AC(交流)	AC1 AC2 AC3 AC4	无感或微感负载、电阻炉； 绕线式电动机的起动和中断、笼型电动机的起动和中断； 笼型电动机的起动、反接制动、反向和点动
DC(直流)	DC1 DC2 DC3	无感或微感负载、电阻炉； 并励电动机的起动、反接制动、反向和点动； 串励电动机的起动、反接制动、反向和点动

4) 接触器的型号

接触器的型号含义如图1-25所示。

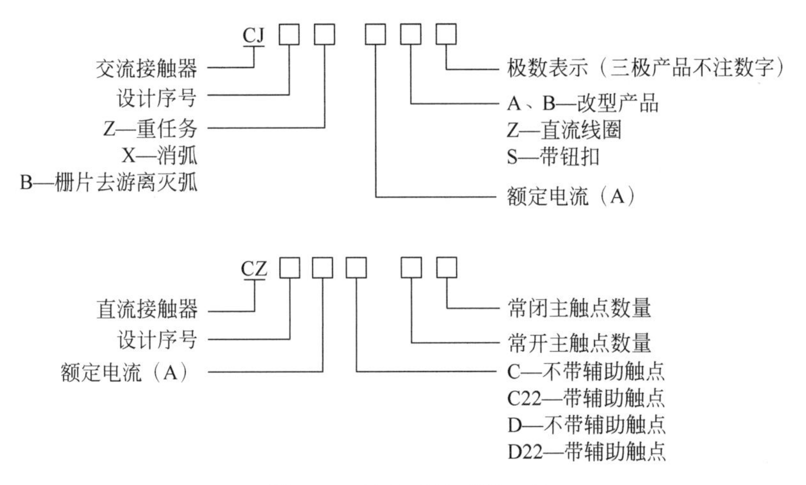

图1-25　接触器的型号含义

例如，CJ10Z-40/3为交流接触器，设计序号为10，重任务型，额定电流为40A，主触点为3极。CJ12T-250/3为改型后的交流接触器，设计序号为12，额定电流为250A，3个主触点。

3. 按钮

按钮由感测部分和执行部分组成。感测部分有按钮帽、连杆、桥式动触点及复位弹簧,它们感知手动的主令信号。整个触头系统为执行部分,完成常闭触点的断开与常开触点的闭合。为了便于识别各个按钮的作用,避免误动作,通常在按钮帽上作出不同标记或涂上不同的颜色。例如,蘑菇形表示急停按钮;一般红色表示停止按钮,绿色表示起动按钮。

1)控制按钮的结构与符号

控制按钮简称按钮,是一种结构简单、使用广泛的手动主令电器,它可以与接触器或继电器配合使用,其作用通常是用来短时间接通或断开小电流的控制电路,从而控制电动机或其他电气设备的运行。

控制按钮一般由按钮、复位弹簧、触点和外壳等部分组成,其结构如图 1-26 所示。它既有常开触点,也有常闭触点。常态时在复位的作用下,由桥式动触点将静触点 1、2 闭合,静触点 3、4 断开;当按下按钮时,桥式动触点将静触点 1、2 断开,静触点 3、4 闭合。触点 1、2 被称为常闭触点或动断按钮,触点 3、4 被称为常开触点或动合按钮。

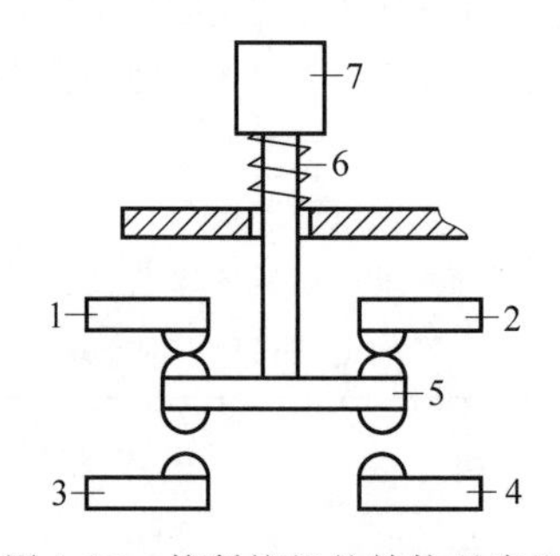

图 1-26　控制按钮的结构示意图

1、2—常闭触点;3、4—常开触点;5—桥式动触点;6—复位弹簧;7—按钮

按钮的外形结构和文字符号如图 1-27 所示。

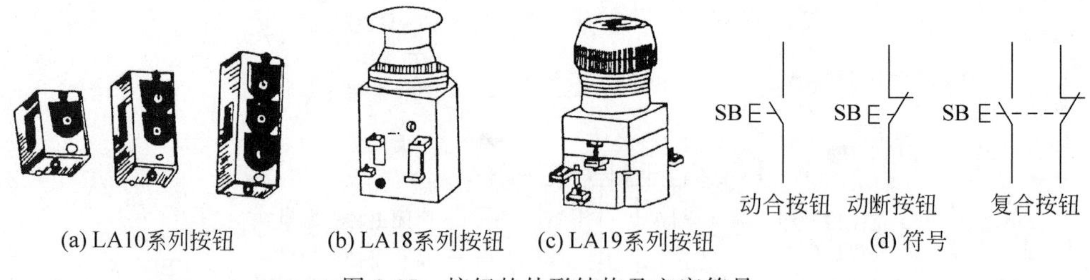

图 1-27　按钮的外形结构及文字符号

2)控制按钮的种类及动作

(1)控制按钮按结构形式,可分为旋钮式、指示灯式和紧急式。

① 旋钮式:用手动旋钮进行操作。

② 指示灯式:按钮内装入信号灯显示信号。

③ 紧急式:装有蘑菇形钮帽,以示紧急动作。

(2)控制按钮按触点形式可分为常开按钮、常闭按钮和复合按钮。

① 常开按钮:外力未作用时(手未按下),触点是断开的,外力作用时,触点闭合,外力

消失后,在复位弹簧作用下自动恢复到断开状态。

② 常闭按钮:外力未作用时(手未按下),触点是闭合的,外力作用时,触点断开,外力消失后,在复位弹簧作用下自动恢复到闭合状态。

③ 复合按钮:既有常开按钮,又有常闭按钮的按钮组称为复合按钮。按下复合按钮时,所有的触点都改变状态,即常开触点要闭合,常闭触点要断开。但是,这两对触点的变化是有先后次序的,按下按钮时,常闭触点先断开,常开触点后闭合;松开按钮时,常开触点先复位(断开),常闭触点后复位(闭合)。

3) 按钮的型号含义

按钮的型号含义如图 1-28 所示。

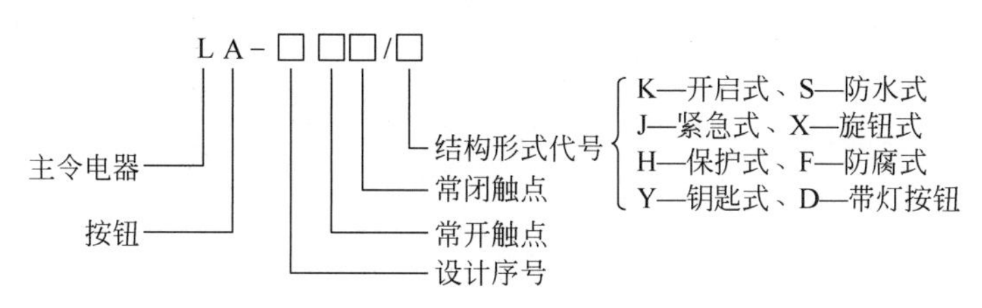

图 1-28　按钮的型号含义

4. 点动正转控制电路图分析

点动正转控制电路如图 1-29 所示。

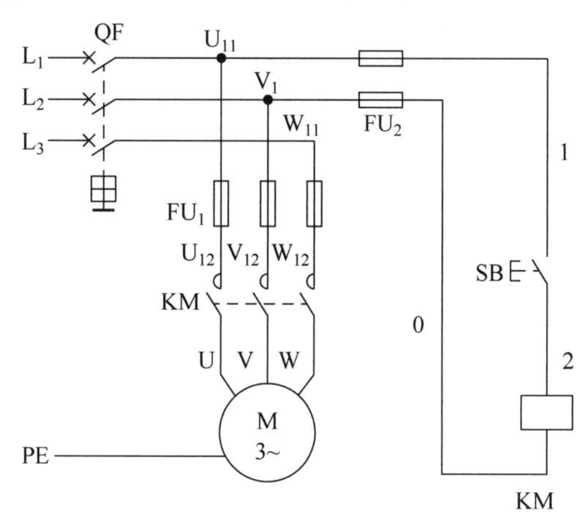

图 1-29　点动正转控制电路

(1) 电气元器件:低压断路器 QF,熔断器 FU_1、FU_2,按钮 SB,接触器 KM。

(2) 电路分析:按下起动按钮时,接触器 KM 线圈得电,接触器 KM 主触点闭合,电动机得电起动;松开按钮时,电动机失电停转。

(3) 保护环节:短路、过载保护;熔断器 FU 短路保护;接触器 KM 失压欠压保护。

1.2.4 任务实施

1. 考核内容

(1) 组合开关、接触器、按钮的认知与拆装。

(2) 根据线路图安装调试三相交流异步电动机点动运转控制线路。

(3) 掌握电动机的线路安装、调试、接线工艺。

(4) 正确调试三相交流异步电动机点动运转控制线路，能正确、快速排除线路出现的故障。

2. 考核要求

1) 元器件、工具、材料

(1) 所需工具有常用的电工工具、万用表等。

(2) 所需元器件材料见表 1-7。

表 1-7 元器件明细

图上代号	元器件名称	型号规格	数量	备注
M	三相交流异步电动机	Y-112M-4/4kW，△接法 380V，8.8A，1440r/min	1	
QS	转换开关	HZ10-25/3	1	
FU_1	熔断器	RL1-60/25A	3	
FU_2	熔断器	RL1-15/2A	2	
KM	交流接触器	CJ10-10，380V	1	
SB	起动按钮			
—	接线端子	JX2-Y010	2	
—	导线	BV-1.5mm^2，1mm^2	若干	
—	导线	BVR-1mm^2	若干	
—	冷压接头	1mm^2	若干	
—	异型管	1.5mm^2	若干	
—	油记笔	黑(红)色	1	
—	开关板	500mm×400mm×30mm	1	

2) 电路安装接线

根据表 1-8 配齐所用元器件，按照图 1-29 所示电路进行安装接线，并通电试验。

3) 注意事项

(1) 接触器熔断器的接线务必正确，以确保安全。

(2) 要做到安全操作和文明生产。

(3) 编码套管要正确。

(4) 控制板外配线必须加以防护，确保安全。

(5) 电动机及按钮金属外壳必须保护接地。

(6) 通电试验、调试及检修时，必须认真检查并在指导教师允许后进行。

(7) 出现故障时要及时断电，排除故障后方可再次通电试验。

4) 额定工时

额定工时为 120min。

3. 评分标准

技能自我评分标准见表 1-8。

表 1-8 “三相交流异步电动机点动运转控制线路的安装”技能自我评分标准

项　目	技术要求	配分	评 分 细 则	评分记录
安装前检查	正确无误检查所需元器件	5	元器件漏检或错检，每个扣1分	
安装元器件	按布置图合理安装元器件	15	不按布置图安装，扣3分； 元器件安装不牢固，每个扣0.5分； 元器件安装不整齐、不合理，扣2分； 损坏元器件，扣10分	
布线	按控制接线图正确接线	40	不按控制线路图接线，扣10分； 布线不美观，主线路、控制线路每根扣0.5分； 接点松动，露铜过长，反圈，压绝缘层，标记线号不清楚、遗漏或误标，每处扣0.5分； 损伤导线，每处扣1分	
通电试验	正确整定元器件，检查无误，通电试验一次成功	40	熔体选择错误，每组扣10分； 试验不成功，每返工一次扣5分	
额定工时120min	超时，此项从总分中扣分		每超过5min，从总分中扣除3分，但不超过10分	
安全、文明生产	按照安全、文明生产要求		违反安全、文明生产，从总分中扣除5分	

1.2.5 拓展知识：电气安装接线图的绘制

1. 元器件布置图

元器件布置图用于表明电气设备上所有电动机和各元器件的实际位置。对于机床来说，其元器件布置图包括机床电气设备布置图、控制柜或控制板电气设备布置图、操纵台及悬挂操纵箱电气设备布置图等。元器件布置图可视电气控制系统复杂程度采取集中绘制或单独绘制。在元器件布置图上用点划线表示机床轮廓，用粗实线表示可见的或需表示清楚的电器外形轮廓。图 1-30 所示为 CW6132 型车床控制盘的元器件布置图。

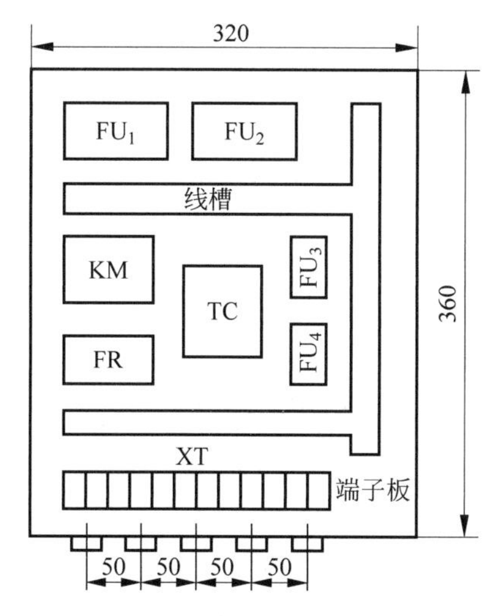

图 1-30　CW6132 型车床控制盘的元器件布置图

2. 电气安装接线图

电气设备的安装接线图是为了进行元器件的接线和排除电气故障而绘制的。该图应表明电气设备中各元器件的空间位置和连接情况，元器件的连接应严格按照电气原理图进行。图 1-31 为 CW6132 型车床控制盘的安装接线图。图中左侧线框为电气控制盘的外部接线图，也可根据原理图画出盘中元器件的盘内接线图。对于简单设备，元器件安装接线图只需画出盘外接线。图 1-31 中标注了该机床的电源进线、按钮、照明灯、指示灯、开关、电动机与机床电气控制盘接线端子板之间的连接关系，也标注了所用导线的截面和导线数目等。

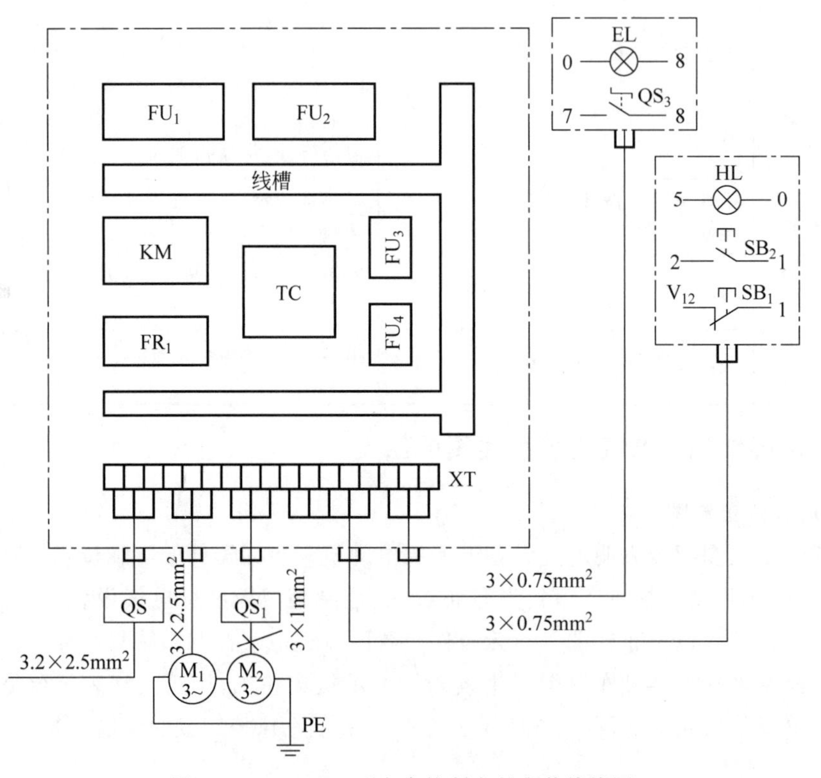

图 1-31 CW6132 型车床控制盘的安装接线图

电气安装接线图表示各种电气设备在机械设备和电气控制柜中的实际安装位置。图 1-32 提供了电气设备各个单元的布局和安装工作所需数据的图样。例如，电动机要和被拖动的机械装置在一起，行程开关应画在获取信息的地方，操作手柄应画在便于操作的地方，一般元器件应放在电气控制柜中。

3. 电气安装接线图的绘制原则

在阅读和绘制电气安装图时应注意以下几点。

(1) 电气安装接线图中各元器件的位置应尽可能符合电气安装实际情况。

(2) 各元器件中的带电部件，如接触器的线圈、主触点和辅助触点应画在一起。元器件的轮廓用点划线标明。

(3) 元器件的文字符号、带电部件接线端的编号、连接顺序均应与电气原理图保持一致。

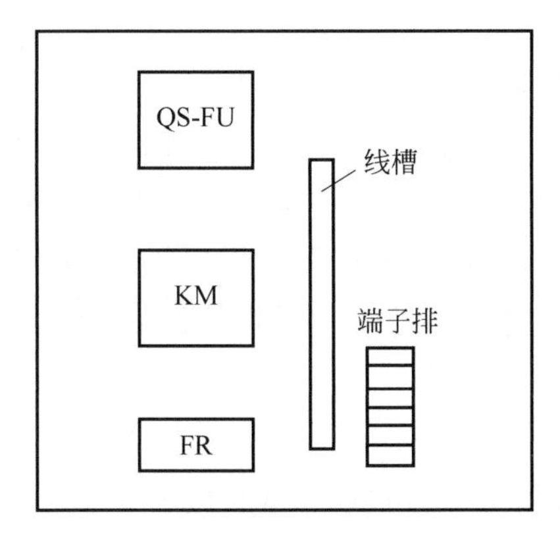

图 1-32　三相笼型异步电动机线路安装图

(4) 控制盘上各元器件必须经端子板与盘外元器件连接。

(5) 按电气原理图要求，应将动力、控制和信号电路分开布置，并各自安装在相应的位置，以便于操作和维护。

(6) 电气控制柜中各元器件之间，上、下、左、右之间的连线应保持一定间距，并且应考虑元器件的发热和散热因素，应便于布线、接线和检修。

1.2.6　思考与练习

1. 判断题

(1) 一台额定电压为 220V 的交流接触器在 AC220V 和 DC220V 的电源上均可使用。 (　　)

(2) 直流接触器比交流接触器更适用于频繁操作的场合。 (　　)

(3) 接触器自锁控制不仅保证电机连续运转，而且兼有失电压保护作用。 (　　)

(4) 失电压保护的目的是防止电压恢复时电动机自行起动。 (　　)

2. 选择题

(1) 交流接触器铁心端面上的短路环的作用是(　　)。

A. 减小涡流　　B. 降低磁带损耗

C. 减小振动气噪声　　D. 减少铁心发热

(2) CJ20-160 型交流接触器在 380V 时的额定工作电流为 160A，故它在 380V 时能控制的电动机功率约为(　　)kW。

A. 20　　B. 160　　C. 85　　D. 100

(3) 直流接触器通常使用的灭弧方法是(　　)。

A. 电动力灭弧　　B. 磁吹灭弧　　C. 栅片灭弧　　D. 窄缝灭弧

(4) 判断交流接触器还是直流接触器的依据是(　　)。

A. 线圈电流的性质　　B. 主触点电流的性质

C. 主触点额定电流　　D. 辅助触点电流的性质

3. 问答题

(1) 什么是电气安装接线图？电气安装接线图的绘制原则是什么？

(2) 怎样区别交流接触器与直流接触器?

(3) 接触器选用的原则和依据是什么?

(4) 分析三相交流异步电动机点动正转控制电路的工作原理。

任务 1.3 三相交流异步电动机有自锁功能的单向起动控制电路的安装接线

1.3.1 任务描述

本任务主要介绍用于电力拖动及控制系统领域中的常用低压电器,如主令电器、热继电器等以及三相笼型异步电动机具有自锁功能的单向起动控制线路。

1.3.2 任务目标

(1) 认识低压电器主令电器、热继电器图形符号和文字符号,掌握其结构原理。

(2) 能够熟练识别主令电器、热继电器规格,并能拆装、检修及调试。

(3) 熟悉万用表等仪表、仪器的使用。

(4) 掌握三相交流异步电动机具有自锁功能的单向起动控制电路的工作原理,能够根据电气原理图绘制电气安装接线图,按电气接线工艺要求完成电路的安装接线及调试。

(5) 排查处理通车试验中出现的故障。

1.3.3 知识链接

1. 主令电器

主令电器是一种专门发布命令,直接或通过电磁式电器间接作用于控制电路的电器,其主要作用是切换控制电路而不直接控制主电路,即控制接触器、继电器等电器的线圈,实现控制电力拖动系统的起动、停止及改变系统的正反转、顺序及自动往返等工作状态。通常用来控制电力拖动系统中电动机的起动、停车、调速及制动等。

主令电器的种类很多,常用的有行程开关(又称位置开关)、接近开关和万能转换开关等。

1) 行程开关

行程开关

行程开关又称限位开关或位置开关。它是根据运动部件位置自动切换电路的控制电器,它可以将机械位移信号转换成电信号,常用来做程序控制、自动循环控制、定位、限位及终端保护。行程开关的作用与按钮相同,只是其触点的动作不是靠手动操作,而是利用生产机械某些运动部件上的挡铁碰撞其滚轮使触点动作来实现接通或分断电路的。行程开关一般由一对或多对常开触点、常闭触点组成。

行程开关有机械式和电子式两种,机械式又有按钮式和滑轮式两种。

(1) 行程开关的外形结构及符号。行程开关的结构分为操作机构、触点系统和外壳3个部分。机械式行程开关的外形结构如图1-33(a)所示,图1-33(b)为行程开关的符号,其文字符号为SQ。

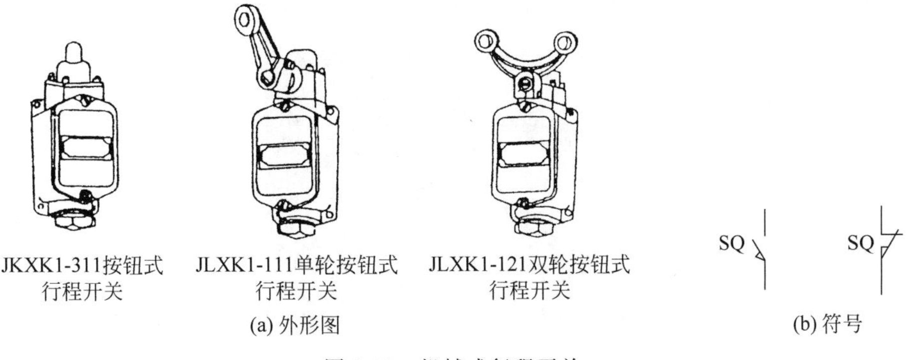

(a) 外形图　　(b) 符号

图 1-33　机械式行程开关

（2）行程开关的型号含义如图 1-34 所示。

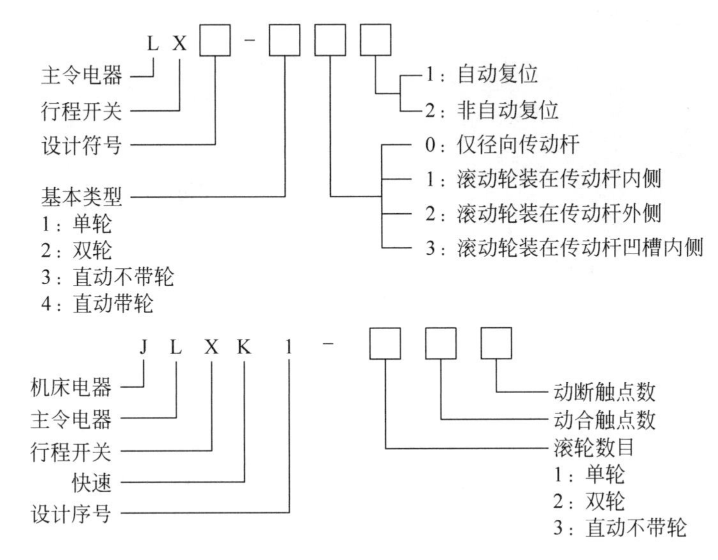

图 1-34　行程开关的型号含义

2）接近开关

行程开关和微动开关均属接触式行程开关，工作时均有挡块与推杆的机械碰撞和触点的机械分合，在动作频繁时容易发生故障，工作可靠性较低。近年来，随着电子器件的发展和控制装置的需要，一些非接触式的行程开关应运而生，这类产品的特点是：当挡块运动时，无须与开关的部件接触即可发出电信号，故以其使用寿命长、操作频率高、动作迅速可靠而得到了广泛的应用。这类开关有接近开关、光电开关等。

接近开关是一种非接触式的位置开关，它由感应头、高频振荡器、放大器和外壳组成。当运动部件与接近开关的感应头接近时，会输出一个电信号。

接近开关的型号有 LJ1、LJ2 及 LXJ0 等，接近开关的外形如图 1-35 所示。

3）万能转换开关

万能转换开关是一种多挡式、多个操作位置、能够换接控制多个电路的手动主令电器，主要用于低压断路操作机构的合闸与分闸控制、各种控制线路的转换、电压和电流表的换相测量控制、配电装置线路的转换和遥控等。万能转换开关还可以直接控制小容量电动机的起动、调速和换向。图 1-36 所示为万能转换开关原理图。

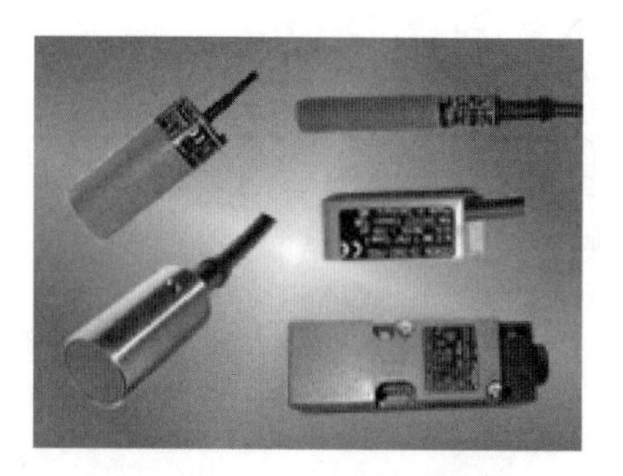

图 1-35　接近开关外形图

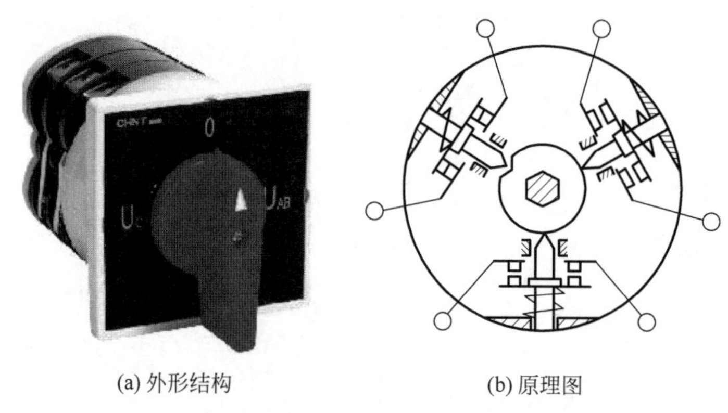

(a) 外形结构　　(b) 原理图

图 1-36　万能转换开关外形结构及原理图

万能转换开关由凸轮机构、触头系统和定位装置等部分组成。操作手柄带动转轴和凸轮转动，使触点动作或复位，从而按所需要的规律接通或断开电路，同时由定位装置确保其动作的准确可靠。常用的万能转换开关有 LW5、LW6、LW8 等系列。转换开关的外形如图 1-37 所示。

图 1-37　几种常用的万能转换开关外形

LW5 系列万能转换开关按手柄的操作方式可分为自复式和自定位式两种。自复式是指用手拨动手柄至某一挡位时，手松开后，手柄自动返回原位；定位式则是指手柄被置于某挡位时，不能自动返回原位而停在该挡位。

万能转换开关的手柄操作位置是以角度表示的。不同型号的万能转换开关的手柄有不同触点，电路图中的图形符号如图 1-38 所示。由于其触点的分合状态与操作手柄的位置有关，所以除在电路图中画出触点图形符号外，还应画出操作手柄与触点分合状态的关系。

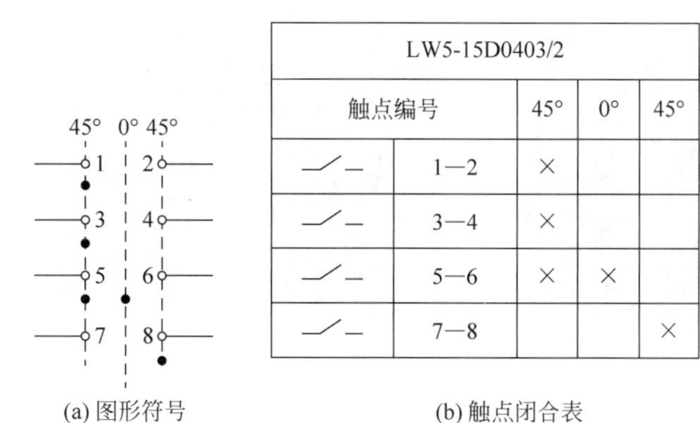

LW5-15D0403/2				
触点编号		45°	0°	45°
—⁄—	1—2	×		
—⁄—	3—4	×		
—⁄—	5—6	×	×	
—⁄—	7—8			×

(a) 图形符号　　(b) 触点闭合表

图 1-38　万能转换开关的图形符号

根据图 1-38 可知，当万能转换开关打向左 45°时，触点 1—2、3—4、5—6 闭合，触点 7—8 打开；打向 0°时，只有触点 5—6 闭合，向右 45°时，触点 7—8 闭合，其余打开。

2. 热继电器

热继电器主要用于过载、缺相及三相电流不平衡的保护。它的形式有多种，以双金属片式应用最多。

热继电器

双金属片式热继电器主要由热元件、主双金属片和触点三部分组成。主双金属片是热继电器的感测元件，由两种膨胀系数不同的金属片辗压而成。当串联在电动机定子绕组中的热元件有电流流过时，热元件产生的热量使双金属片伸长，由于膨胀系数不同，致使双金属片发生弯曲。电动机正常运行时，双金属片的弯曲程度不足以使热继电器动作。但是当电动机过载时，流过热元件的电流增大，加上时间效应，就会加大双金属片的弯曲程度，最终使双金属片推动导板，从而使热继电器的触点动作，切断电动机的控制电路。

1）热继电器的外形结构及符号

电路中串入热继电器 FR 可对电动机起过载保护作用。电动机若遇到频繁起停操作或运转过程中负载过重或缺相，都可能引起电动机定子绕组中的负载电流长时间超过额定工作电流，而熔断器的保护特性使它可能暂时不会熔断，所以必须采用热继电器对电动机实行过载保护。

电动机过载时，过载电流将使热继电器中双金属片弯曲动作，使串联在控制电路的常闭触点断开，从而切断接触器 KM 线圈的电路，主触点断开，电动机脱离电源停转。热继电器的整体形状可参考图 1-39，外形及内部组成实物图可参考图 1-40，外形结构及符号如图 1-41 所示。

图 1-39　JRS1 系列热过载继电器

2）热继电器的动作原理

当电动机过载时，流过电阻丝（热元件）的电流增大，电阻丝产生的热量使金属片弯曲，经过一定时间后，弯曲位移增大造成脱扣，使其常闭触点断开，常开触点闭合。热继电器动作原理如图 1-42 所示。

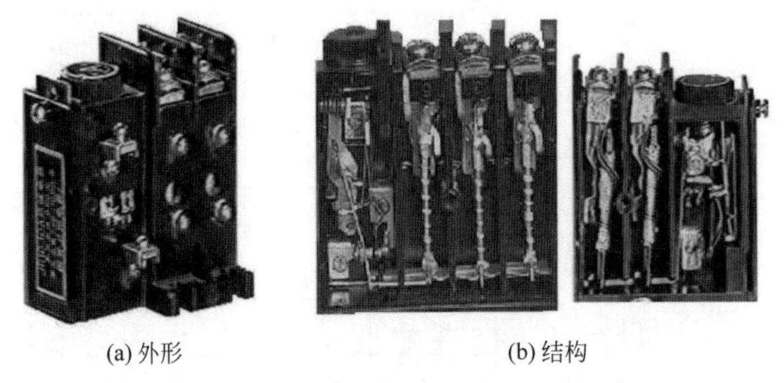
(a) 外形 (b) 结构

图 1-40 热继电器的外形及内部组成实物图

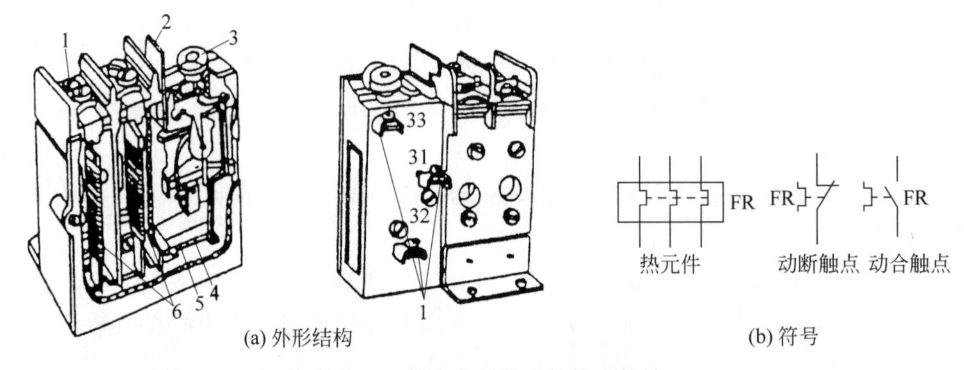

(a) 外形结构 (b) 符号

图 1-41 热继电器外形结构及符号

1—接线柱；2—复位按钮；3—调节旋钮；4—常闭触点；5—动作机构；6—热元件

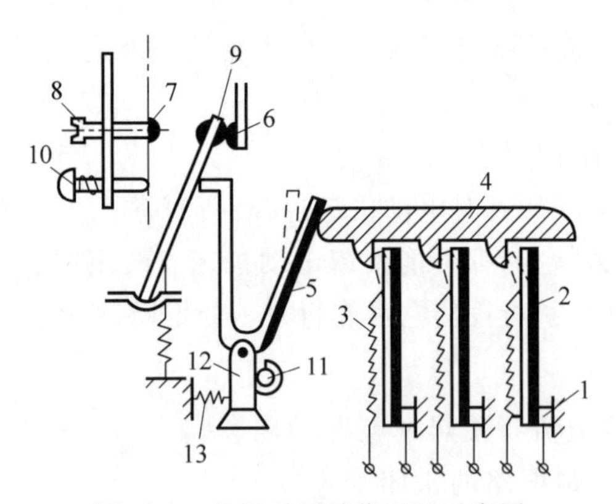

图 1-42 热继电器动作原理示意图

1—推杆；2—主双金属片；3—加热元件；4—导板；5—补偿双金属片；6—静触点(常闭)；7—静触点(常开)；8—复位调节螺钉；9—动触点；10—复位按钮；11—调节旋钮；12—支承件；13—弹簧

热继电器触点动作切断电路后，电流为零，则电阻丝不再发热，双金属片冷却到一定值时恢复原状，于是常开和常闭触点复位。另外也可通过调节螺钉，使触点在动作后不自动复位，而必须按动复位按钮才能使触点复位。这种方式适用于某些故障未排除而防止电动机再起动的场合。不能自动复位对检修时确定故障范围也是十分有利的。

3）热继电器型号、符号及选用

热继电器的型号含义如图 1-43 所示。

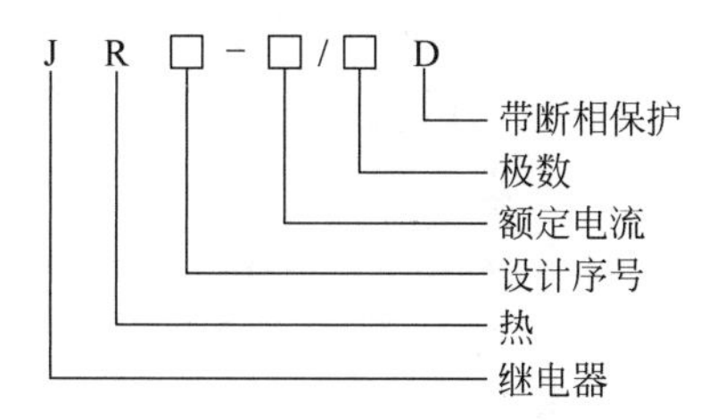

图 1-43　热继电器的型号含义

我国常用的热继电器主要有 JR20、JRS1、JR16 等系列。JR20、JRS1 系列具有断电保护、温度补偿、整定电流可调、手动脱扣及手动复位等功能。三相交流电动机的过载保护均采用三相式热继电器，尤其是 JR16 和 JR20 系列三相式热继电器得到广泛应用。这两种系列的热继电器按其职能又分为带断相保护和不带断相保护两种类型。带断相保护的热继电器，具有差动式断相保护机构。选择时主要根据电动机定子绕组的连接方式确定热继电器的型号。在三相异步电动机电路中，对Y连接的电动机可选用两相或三相结构的热继电器，一般采用两相结构，即在两相主电路中串接热元件。但对于定子绕组为△连接的电动机则必须采用带断相保护的热继电器。

在电气原理图中，热继电器的发热元件和触点的图形符号如图 1-44 所示。

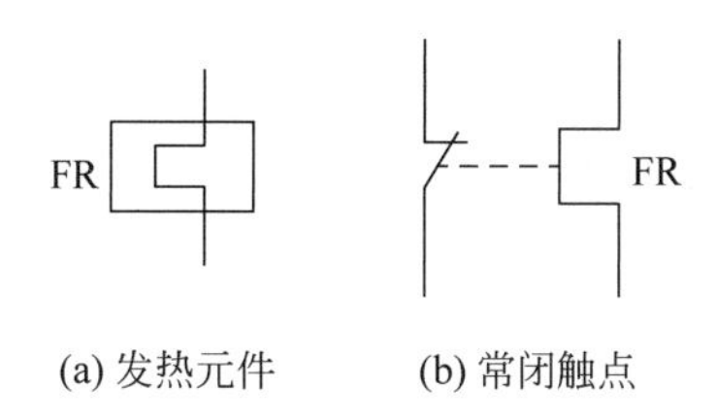

(a) 发热元件　(b) 常闭触点

图 1-44　热继电器的图形符号和文字符号

常用的 JRS1 系列和 JR20 系列热继电器的符号含义如图 1-45 所示。

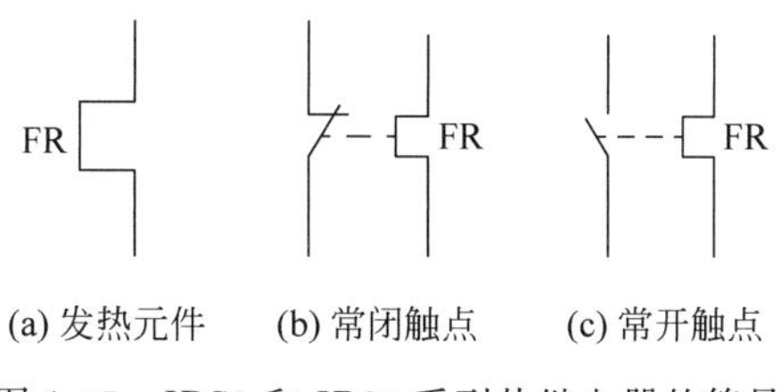

(a) 发热元件　(b) 常闭触点　(c) 常开触点

图 1-45　JRS1 和 JR20 系列热继电器的符号

JR0、JR1、JR2 和 JR15 系列的热继电器均为两相结构，是双热元件的热继电器，可以用作三相异步电动机的均衡过载保护和定子绕组为Y连接的三相异步电动机的断相保护，但不能用作定子绕组为△连接的三相异步电动机的断相保护。

3. 具有自锁功能的单向起动控制电路的分析

图 1-46 所示为采用按钮与接触器控制的单向控制线路。电路分为主电路和控制电路两部分。主电路由刀开关 QS、熔断器 FU、接触器 KM 的主触点、热继电器 FR 的热元件组成。控制电路由按钮 SB_1、SB_2，FR 常闭触点，熔断器 FU_1 以及接触器 KM 的线圈和辅助触点组成。起动时，合上刀开关 QS，按下按钮 SB_2，接触器线圈 KM 通电，其常开主触点闭合，电动机接通电源全压起动，同时与 SB_2 并联的接触器 KM 的常开辅助触点也闭合。当手松开，SB_2 自动复位时，KM 线圈通过其自身常开辅助触点继续保持通电，从而保证电动机的继续运行。这种依靠接触器自身辅助触点而使其线圈保持通电的方式称为自锁或自保持(起自锁作用的辅助触点称为自锁触点)。按下 SB_1 时，接触器 KM 线圈断电，主触点和自锁触点均断开。电动机脱离电源停止运转。当手松开，SB_1 自动复位时，由于此时控制电路已断开，电动机不能恢复运转，只有再次按下 SB_2 才可以运转，所以我们称 SB_2 为起动按钮，SB_1 为停止按钮。主电路中，刀开关 QS 起隔离作用，熔断器 FU 起短路保护作用，热继电器 FR 用作过载保护。当电动机出现长时间过载而使热继电器 FR 动作时，其常闭触点断开，KM 线圈断电，电动机停止运转，从而实现对电动机的过载保护。

自锁电路

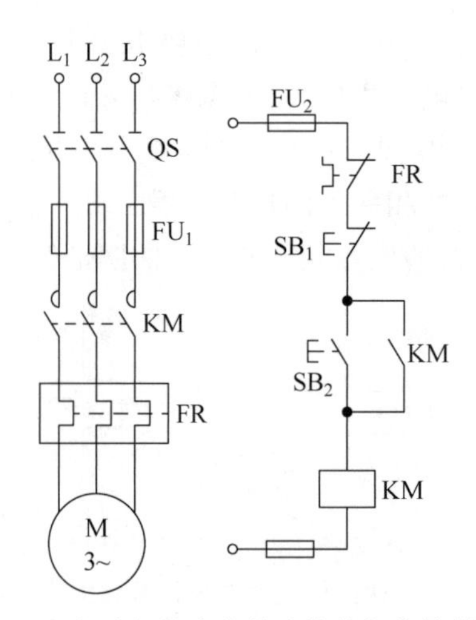

图 1-46 电动机具有自锁功能的起停控制线路

自锁控制并不是只在接触器上使用，同样可以在继电器控制线路中使用，其另一个作用是实现欠压和失压保护，以防止电动机在低压下运行和停电后恢复供电时自起动。

1.3.4 任务实施

1. 考核内容

(1) 主令电器转换开关、热继电器的认知与拆装。

(2) 根据线路图安装调试三相交流异步电动机具有自锁功能的单向起动控制线路。

(3) 掌握电动机线路安装、调试、接线工艺。

(4) 正确调试三相交流异步电动机具有自锁功能的单向起动控制线路，能正确、快速排除线路出现的故障。

2. 考核要求

(1) 元器件、工具、材料。

(2) 所需工具有常用的电工工具、万用表等。

(3) 所需元器件明细见表1-9。

表1-9　元器件明细

图中代号	元器件名称	型号规格	数量	备注
M	三相交流异步电动机	Y-112M-4/4kW,△接法 380V,8.8A,1440r/min	1	
FU_1	熔断器	RL1-60/25A	3	
FU_2	熔断器	RL1-15/2A	2	
KM	交流接触器	CJ10-10,380V	1	
FR	热继电器	JR36-20/3,整定电流8.8A	1	
SB_1	停止按钮	LA10-2H	1	绿色
SB_2	起动按钮			红色
—	接线端子	JX2-Y010	2	
—	导线	BV-1.5mm^2,BV-1mm^2	若干	
—	导线	BVR-1mm^2	若干	
—	冷压接头	1mm^2	若干	
—	异型管	1.5mm^2	若干	
—	油记笔	黑(红)色	1	
—	开关板	500mm×400mm×30mm	1	

3. 电路安装

根据表1-10配齐所用元器件,按照图1-46所示电路进行安装、接线并通电试验。

4. 注意事项

(1) 注意接触器KM自锁的接线务必正确。

(2) 熔断器的接线务必正确,以确保安全。

(3) 热继电器的热元器件应串联在主电路中,其常闭触点串联在控制电路中。

(4) 热继电器的整定电流应按电动机额定电流自行整定,绝对不允许弯折双金属片。

(5) 编码套管要正确。

(6) 控制板外配线必须加以防护,确保安全。

(7) 电动机及按钮金属外壳必须保护接地。

(8) 通电试车、调试及检修时,必须认真检查并在指导教师允许后进行。

(9) 要做到安全操作和文明生产。

(10) 出现故障应及时断电,排除故障后方可再次通电试验。

5. 额定工时

额定工时为120min。

6. 评分标准

技能自我评分标准见表1-10。

表 1-10 “三相交流异步电动机具有自锁功能的单向起动控制线路的安装”技能自我评分标准

项　　目	技 术 要 求	配分	评 分 细 则	评分记录
安装前检查	正确无误检查所需元器件	5	元器件漏检或错检，每个扣 1 分	
安装元器件	按布置图合理安装元器件	15	不按布置图安装，扣 3 分； 元器件安装不牢固，每个扣 0.5 分； 元器件安装不整齐、不合理，扣 2 分； 损坏元器件，扣 10 分	
布线	按控制接线图正确接线	40	不按控制线路图接线，扣 10 分； 布线不美观，主线路、控制线路每根扣 0.5 分； 接点松动，露铜过长，反圈，压绝缘层，标记线号不清楚、遗漏或误标，每处扣 0.5 分； 损伤导线，每处扣 1 分	
通电试验	正确整定元器件，检查无误，通电试验一次成功	40	热继电器未整定或错误，扣 5 分； 熔体选择错误，每组扣 10 分； 试验不成功，每返工一次扣 5 分	
额定工时 120min	超时，此项从总分中扣分		每超过 5min，从总分中倒扣 3 分，但不超过 10 分	
安全、文明生产	按照安全、文明生产要求		违反安全、文明生产，从总分中倒扣 5 分	

1.3.5 拓展知识：点动与长动混合的电动机正转控制线路

生产机械常常需要试车或调试，这就要求控制线路既可以连续工作，又能点动操作。

图 1-47(b)所示的控制电路是在图 1-47(a)控制线路的基础上加入一个复合按钮 SB_3，以实现点动控制的。将 SB_3 的常闭触点串联在接触器 KM 的自锁触点电路中，当正常工作时，按下起动按钮 SB_2，接触器 KM 通电并自锁。当需要点动工作时，按下点动按钮 SB_3，接触器 KM 通电，并同时切断自锁电路。手一松开，接触器 KM 断电，从而实现了点动控制。电动机通电时间长短，取决于按下按钮的时间长短。图 1-47(c)所示控制电路

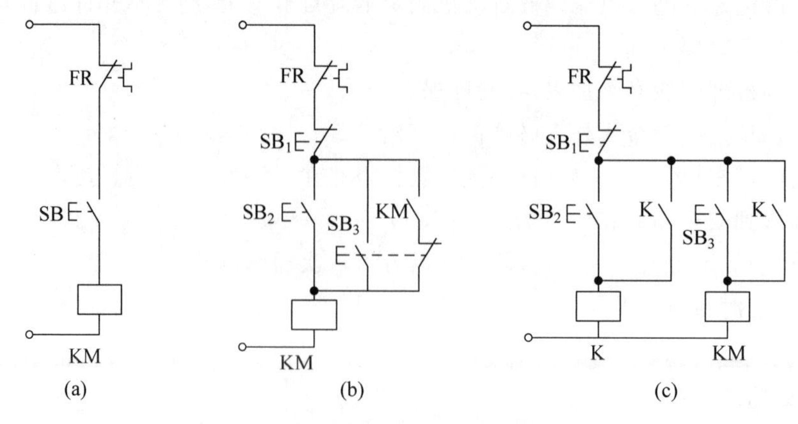

图 1-47　电动机正常工作与点动控制线路

又是在(b)控制线路的基础上增加了一个中间继电器 K，同样可以实现电动机点动与长动的自由切换。

1.3.6 思考与练习

1. 选择题

(1) 热继电器过载时双金属片弯曲，是由于双金属片的(　　)不同。

A. 机械强度　　B. 热膨胀系数　　C. 温差效应　　D. 都不是

(2) 具有自锁功能的单向起动控制电路中，实现电动机过载保护的电器是(　　)。

A. 熔断器　　B. 热继电器　　C. 接触器　　D. 电源开关

(3) 按下按钮电动机起动运转，松开按钮电动机仍然运转，只有按下停止按钮电动机才停止的控制称为(　　)控制。

A. 正反转　　B. 制动　　C. 自锁　　D. 点动

(4) 接触器的自锁触点是一对(　　)。

A. 常开辅助触点　　B. 常闭辅助触点

C. 常开主触点　　D. 常闭主触点

2. 问答题

(1) 热继电器的额定电流是否就是其触点的额定电流？请说明理由。

(2) 热继电器与熔断器在电路中的功能有什么不同？

(3) 一定规格的热继电器，其热元器件规格可能是不同的吗？

(4) 分析三相交流异步电动机正常工作与点动工作时控制线路的工作原理。

(5) 分析三相交流异步电动机具有自锁功能的单向起动控制线路的工作原理。

项目 2　三相异步电动机的正反转控制

学习目标

(1) 分析三相异步电动机正反转控制电路的工作原理,能够根据电气原理图绘制电气安装接线图,按电气接线工艺要求完成电路的安装接线。

(2) 能够对所接正反转控制电路进行检查与通电试验,会用万用表检测和排除常见的电气故障。

(3) 分析三相异步电动机顺序控制和多点控制电路的工作原理,并能对它们进行电路安装接线与调试。

任务 2.1　有电气互锁功能的正反转控制电路安装接线

2.1.1　任务描述

有些生产机械往往要求具有上下、左右、前后、往返等相反方向运动的控制,如电梯的上下运行、机床工作台的前进与后退、机床主轴的正转与反转等,这就要求电动机能够同时具有正转、反转功能。对三相异步电动机来说,要实现正反转控制,只要改变接入电动机的电源相序,即将电动机接到电源的任意两根线对调一下,电动机就可以实现反转。

2.1.2　任务目标

本任务要求识读三相异步电动机电气互锁控制电路图,完成具有电气互锁功能的正反转控制电路安装接线和通电调试。

2.1.3　知识链接

为了使电动机能够实现正转和反转,可采用两只接触器 KM_1、KM_2 换接电动机三相电源的相序,但两个接触器不能吸合,如果同时吸合将造成电源的短路事故。为了防止这种事故,在电路中应采取可靠的互锁,即具有电气互锁功能的正反转控制电路。

1. 识读电路图

KM_1 线圈回路串入 KM_2 的常闭辅助触点,KM_2 线圈回路串入 KM_1 的常闭辅助触点。当正转接触器 KM_1 线圈通电动作后,KM_1 的常闭辅助触点断开了 KM_2 线圈回路,若使 KM_1 得电吸合,必须先使 KM_2 断电释放,其常闭辅助触点复位,这就防止了 KM_1、

KM_2 同时吸合造成相间短路。这样，当一个接触器得电动作时，通过其常闭辅助触点使另一个接触器不能得电动作，接触器间这种相互制约的作用称为接触器联锁（或互锁）。实现联锁作用的常闭辅助触点称为联琐触点（或互锁触点），联锁用符号▽表示，如图 2-1 所示。

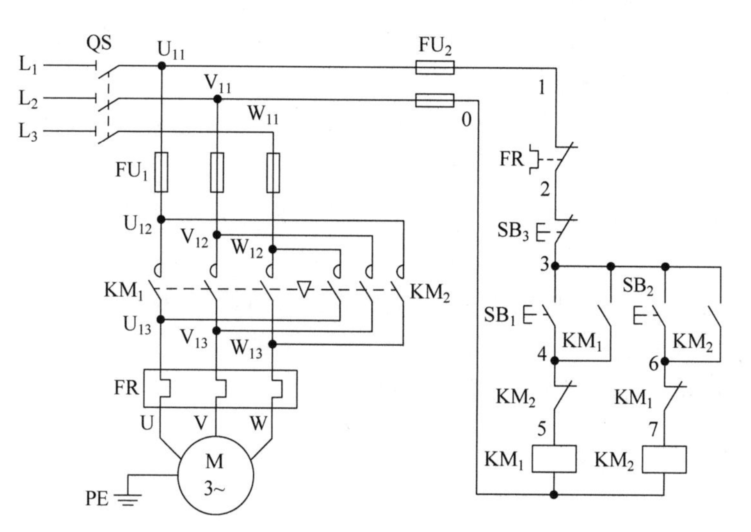

图 2-1　电气互锁正反转控制电路

2. 识读电路的工作过程

（1）正转起动过程。合上隔离开关 QS，按下正转起动按钮 SB_1，使交流接触器 KM_1 线圈得电动作，KM_1 常闭辅助触点断开（实现互锁），KM_1 常开辅助触点闭合（实现自锁），KM_1 动作后主触点闭合，电动机正转。

（2）正转停止过程。按下停止按钮 SB_3，切断正转控制电路，使 KM_1 接触器线圈断电，KM_1 接触器线圈失电释放，切断电动机供电，系统复位达到停车目的。

（3）反转起动过程。按下反转起动按钮 SB_2，使反转接触器 KM_2 线圈得电动作。KM_2 常闭辅助触点断开（实现互锁），KM_2 常开辅助触点闭合（实现自锁），KM_2 动作后主触点闭合，电动机反转。KM_2 动作后，常闭辅助触点断开，切断正转接触器电路，确保 KM_2 动作时 KM_1 不会误动作。

（4）反转停止过程。按 SB_3 停止按钮，KM_2 线圈失电，KM_2 主触点断开，电动机 M 切断电源停转。

3. 电路安装接线

（1）根据图 2-1 配齐所用元器件，并检查元器件质量。

（2）根据原理图画出布置图。

（3）根据元器件布置图安装元器件，各元器件的安装位置整齐、匀称、间距合理、便于元器件的更新，元器件紧固时用力均匀、紧固程度适当。

（4）布线。布线时以接触器为中心，由里向外、由低至高，按先电源电路、再控制电路、后主电路进行，以不妨碍后续布线为原则。最后连接按钮，完成控制板图。

4. 电路断电检查

(1) 整定热继电器。

(2) 连接电动机和按钮金属外壳的保护接地线。

(3) 连接电动机和电源。

(4) 检查。通电前,应认真检查有无错接、漏接,以避免不能正常运转或短路事故。

5. 通电试验及故障排除

(1) 通电试验。试车时,注意观察接触器情况。观察电动机运转是否正常,若有异常现象应立刻停止。

(2) 试验完毕,应遵循停转、切断电源、拆除三相电源线、拆除电动机线的顺序结束工作。

(3) 如有故障应立即切断电源,要求学生独立分析原因,检查电路,直至达到项目拟定的要求。若需要带电检查,必须在教师现场监护下进行。

(4) 试验成功后拆除电路与元器件,清理工位。

2.1.4 任务实施

1. 考核内容

(1) 在规定时间内完成电气互锁的电动机正反转控制电路(图 2-1)的安装接线,且通电试验成功。

(2) 安装工艺应达到基本要求,线头长短应适当且接触良好。

(3) 遵守安全规程,做到文明生产。

2. 考核要求及评分标准

1) 安装接线(30 分,扣完为止)

安装接线的考核要求及评分标准见表 2-1。

表 2-1 安装接线评分标准

项目内容	要 求	评分标准	扣分
元器件清点、选择	清点、选择元器件,填写元器件明细表	每填错一个元器件扣 2 分	
元器件安装	按图纸要求,正确利用工具和仪表,熟练安装元器件	每处错误扣 2 分	
	对于螺栓式接点,在导线连接时,应打羊眼圈,并按顺时针旋转;对于瓦片式接点,在导线连接时,直线插入接点固定即可	每处错误扣 2 分	
	严禁损伤线芯和导线绝缘层,接点上不能露铜过长	每处错误扣 2 分	
	时间继电器或热继电器整定值合适	每处错误扣 5 分	
	每个接线端子上连接的导线根数一般以不超过两根为宜,并保证接线牢固且长短线选择合理	每处错误扣 1 分	

续表

项目内容	要　　求	评分标准	扣分
线路工艺	走线合理，做到横平竖直、布线整齐，各接点不能松动	每处错误扣 1 分	
	导线出线应留有一定的裕量，并做到长度一致	每处错误扣 1 分	
	导线变换走向要弯成直角，并做到高低一致或前后一致	每处错误扣 1 分	
	避免交叉线、架空线、绕线或叠线	每处错误扣 2 分	
通电试验	在保证人身和设备安全的前提下，通电试验一次成功	一次试验不成功，扣 5 分； 二次试验不成功，扣 15 分； 三次试验不成功，扣 25 分	

2）不通电测试（30 分，每错一处扣 5 分，扣完为止）

（1）测试主电路。电源线 L_1、L_2、L_3 先不通电，闭合隔离开关 QS，方便压下接触器 KM_1、KM_2 的衔铁，使其主触点闭合。测试从电源端（L_1、L_2、L_3）到出线端（U_1、V_1、W_1）的每一相电路的电阻，将电阻值填入表 2-2 中。

（2）测试控制电路。

① 按下 SB_1、SB_2，测量控制电路两端的电阻，将电阻值填入表 2-2 中。

② 压下接触器 KM_1、KM_2 的衔铁，测量控制电路两端的电阻，将电阻值填入表 2-2 中。

表 2-2　电气互锁控制电路的不通电测试记录

<table>
<tr><td>测量目标</td><td colspan="3">主　电　路</td><td colspan="3">主　电　路</td><td colspan="4">控制电路两端</td></tr>
<tr><td>操作步骤</td><td colspan="3">闭合 QS，压下 KM_1 的衔铁</td><td colspan="3">闭合 QS，压下 KM_2 的衔铁</td><td>按下 SB_1</td><td>压下 KM_1 的衔铁</td><td>按下 SB_2</td><td>压下 KM_2 的衔铁</td></tr>
<tr><td rowspan="2">电阻值/Ω</td><td>L_1 相</td><td>L_2 相</td><td>L_3 相</td><td>L_1 相</td><td>L_2 相</td><td>L_3 相</td><td rowspan="2"></td><td rowspan="2"></td><td rowspan="2"></td><td rowspan="2"></td></tr>
<tr><td></td><td></td><td></td><td></td><td></td><td></td></tr>
</table>

3）通电测试（40 分）

在使用万用表检测后，把 L_1、L_2、L_3 三端接上电源，闭合 QS 通电试验。按照顺序测试电路的各项功能，每错一项扣 10 分，扣完为止。如出现功能不对的项目，则后面的功能均算错。将测试结果填入表 2-3。

表 2-3　电气互锁控制电路的通电测试记录

<table>
<tr><td rowspan="2">元器件</td><td colspan="4">操　　作</td></tr>
<tr><td>闭合 QS</td><td>按下 SB_1</td><td>按下 SB_2</td><td>按下 SB_3</td></tr>
<tr><td>KM_1 线圈</td><td></td><td></td><td></td><td></td></tr>
<tr><td>KM_2 线圈</td><td></td><td></td><td></td><td></td></tr>
</table>

2.1.5 拓展知识：利用万能转换开关实现电动机正反转

手动控制正反转原理图如图 2-2 所示。转换开关 SA 处在“正转”位置，电动机正转；转换开关 SA 处在“反转”位置，电动机的相序改变，电动机反转；转换开关 SA 处在“停止”位置，电源被切断，电动机停转。如果要使处于正转状态的电动机反转，必须把手柄扳到“停止”位置，先使电动机停转，然后再把手柄扳至“反转”位置。如直接由“正转”扳至“反转”，因电源突然反接，会产生很大的冲击电流。

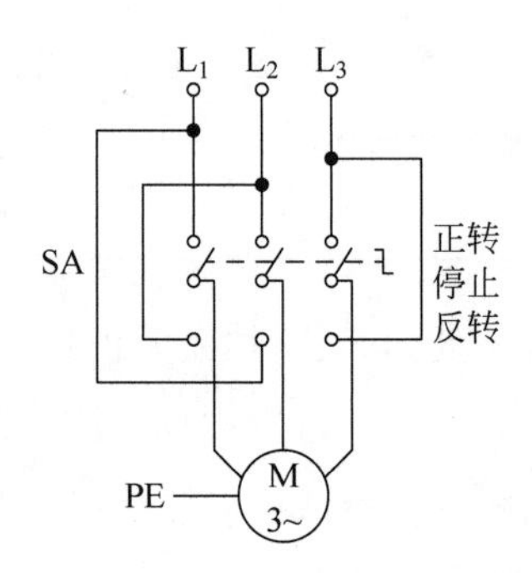

图 2-2 万能转换开关控制正反转电路

优点：所用电器较少，控制简单。

缺点：频繁换向时，操作不方便，无欠压、零压保护，只适用于容量在 5.5kW 以下的电动机的控制。

2.1.6 思考与练习

1. 选择题

(1) 如果想改变三相交流异步电动机的转向，只要将原相序 A—B—C 改接为(　　)。

A. B—C—A　　B. A—B—C　　C. C—A—B　　D. A—C—B

(2) 若要求接触器 KM_1 和接触器 KM_2 实现互锁控制，需要(　　)。

A. 在 KM_1 的线圈回路中串入 KM_2 的常开触点

B. 在 KM_1 的线圈回路中串入 KM_2 的常闭触点

C. 在两接触器的线圈回路中互相串入对方的常开触点

D. 在两接触器的线圈回路中互相串入对方的常闭触点

2. 简答题

为什么在正反转电路中要使用联锁电路？

任务 2.2 有复合联锁功能的电动机正反转控制电路的安装接线

2.2.1 任务描述

电气互锁正反转控制电路的优点是工作安全可靠，缺点是操作不便。因为电动机从正转变为反转时必须先按下停止按钮，才能按下反转按钮，否则由于接触器的联锁作用，不能实现反转。在此基础上引入按钮互锁电路，当电动机正向（或反向）起动运转后，不必先按停止按钮使电动机停止，可以直接按反向（或正向）起动按钮，使电动机变为反方向运行。

2.2.2　任务目标

本任务要求识读三相异步电动机复合联锁正反转控制电路图，完成控制电路安装接线和通电调试。

2.2.3　知识链接

双重复合联锁控制正反转电路是在电气联锁控制的基础之上，在控制电路中增加按钮联锁控制，两组按钮都具有一对常开触点和一对常闭触点，且两个触点分别与两个接触器线圈回路连接。

1. 识读电路图

如图 2-3 所示，按钮 SB_1 的常开触点与接触器 KM_1 线圈串联，而常闭触点与接触器 KM_2 线圈回路串联。按钮 SB_2 的常开触点与接触器 KM_2 线圈串联，而常闭触点与 KM_1 线圈回路串联。当按下 SB_1 时只有接触器 KM_1 的线圈可以通电而 KM_2 断电，按下 SB_2 时只有接触器 KM_2 的线圈可以通电而 KM_1 断电，如果同时按下 SB_2 和 SB_1，则两个接触器线圈都不能通电，从而起到互锁的作用。这种互锁关系可以保证一个接触器断电释放后，另一个接触器才能通电动作，从而避免了因操作失误造成电源相间短路。

双重
互锁电路

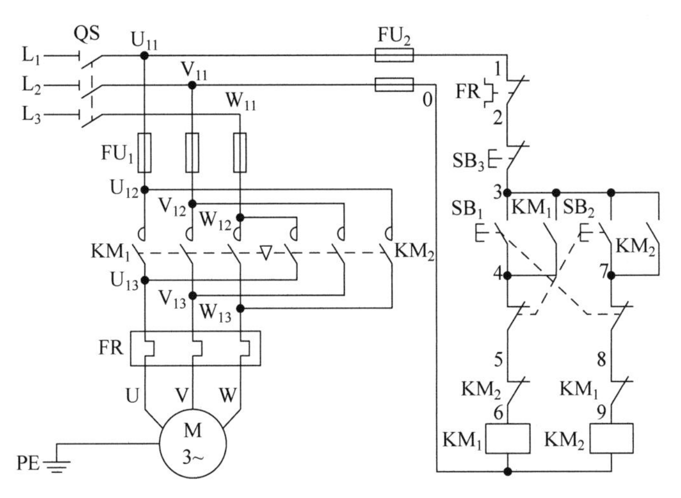

图 2-3　双重复合联锁控制正反转电路

2. 识读电路的工作过程

正转控制：合上隔离开关 QS，按下正转按钮 SB_1→接触器 KM_1 线圈得电→KM_1 主触点闭合→电动机正转，同时与 SB_1 并联的 KM1 的常开辅助触点闭合，形成自锁→与 KM_1 常闭触点串联的 SB_1 常闭触点断开，KM_1 的常闭触点断开，互锁完成。

反转控制：按下反转按钮 SB_2→接触器 KM_1 线圈失电→KM_1 的常闭触点闭合→接触器 KM_2 线圈得电→KM_2 主触点闭合，电动机开始反转，同时与 SB_2 并联的 KM_2 的常开辅助触点闭合，形成自锁→与 KM_2 常闭触点串联的 SB_2 常闭触点断开，KM_2 的常闭触点断开，互锁完成。

停止过程：按 SB_3 停止按钮，KM_2 线圈失电，KM_2 主触点断开，电动机 M 切断电源停转。

3. 电路安装接线

(1) 根据图 2-3 配齐所用元器件，并检查元器件质量。

(2) 根据原理图画出布置图。

(3) 根据元器件布置图安装元器件，各元器件的安装位置整齐、匀称、间距合理，便于元器件的更新，元器件紧固时用力均匀，紧固程度适当。

(4) 布线。布线时以接触器为中心，由里向外、由低至高，先电源电路、再控制电路、后主电路进行，以不妨碍后续布线为原则。

按照任务 2.1 电路安装接线步骤，完成图 2-3 所示电路的安装接线。

4. 电路断电检查

(1) 整定热继电器。

(2) 连接电动机和按钮金属外壳的保护接地线。

(3) 连接电动机和电源。

(4) 检查。通电前，应认真检查有无错接、漏接以避免造成不能正常运转或短路事故。

5. 通电试验及故障排除

(1) 通电试验。试验时，注意观察接触器情况。观察电动机运转是否正常，若有异常现象，应立刻停止。

(2) 试验完毕，应遵循停转、切断电源、拆除三相电源线、拆除电动机线的顺序结束工作。

(3) 如有故障，应该立即切断电源，要求学生独立分析原因，检查电路，直至达到项目拟定的要求。若需要带电检查，必须在教师现场监护下进行。

(4) 试验成功后拆除电路与元器件，清理工位。

2.2.4 任务实施

1. 考核内容

(1) 在规定的时间内完成复合连锁的电动机正反转控制电路的安装接线，且通电试验成功。

(2) 安装工艺应达到基本要求，线头长短应适当且接触良好。

(3) 遵守安全规程，做到文明生产。

2. 考核要求及评分标准

1) 安装接线(30 分，扣完为止)

考核要求及评分标准见表 2-4。

表 2-4　安装接线评分标准

项目内容	要　　求	评 分 标 准	扣分
元器件清点、选择	清点、选择元器件，填写元器件明细表	每填错一个元器件扣 2 分	
元器件安装	按图纸要求，正确利用工具和仪表，熟练安装元器件	每处错误扣 2 分	
	对于螺栓式接点，在导线连接时，应打羊眼圈，并按顺时针旋转；对于瓦片式接点，在导线连接时，直线插入接点固定即可	每处错误扣 2 分	
	严禁损伤线芯和导线绝缘层，接点上不能露铜过长	每处错误扣 2 分	
	时间继电器或热继电器整定值合适	每处错误扣 5 分	
	每个接线端子上连接的导线根数一般以不超过两根为宜，并保证接线牢固且长短线选择合理	每处错误扣 1 分	
线路工艺	走线合理，做到横平竖直、布线整齐，各接点不能松动	每处错误扣 1 分	
	导线出线应留有一定的裕量，并做到长度一致	每处错误扣 1 分	
	导线变换走向要弯成直角，并做到高低一致或前后一致	每处错误扣 1 分	
	避免交叉线、架空线、绕线或叠线	每处错误扣 2 分	
通电试验	在保证人身和设备安全的前提下，通电试验一次成功	一次试验不成功，扣 5 分；二次试验不成功，扣 15 分；三次试验不成功，扣 25 分	

2）不通电测试（30 分，每错一处扣 5 分，扣完为止）

（1）测试主电路。

电源线 L_1、L_2、L_3 先不通电，闭合隔离开关 QS，方便压下接触器 KM_1、KM_2 的衔铁，使其主触点闭合。测试从电源端（L_1、L_2、L_3）到出线端（U_1、V_1、W_1）的每一相电路的电阻，将电阻值填入表 2-5。

（2）测试控制电路。

① 按下 SB_1、SB_2，测量控制电路两端的电阻，将电阻值填入表 2-5。

② 压下接触器 KM_1、KM_2 的衔铁，测量控制电路两端的电阻，将电阻值填入表 2-5。

表 2-5　复合联锁控制电路的不通电测试记录

测量目标	主　电　路			主　电　路			控制电路两端			
操作步骤	闭合 QS，压下 KM_1 的衔铁			闭合 QS，压下 KM_2 的衔铁			按下 SB_1	压下 KM_1 的衔铁	按下 SB_2	压下 KM_2 的衔铁
电阻值/Ω	L_1 相	L_2 相	L_3 相	L_1 相	L_2 相	L_3 相				

3）通电测试（40 分）

在使用万用表检测后，把 L_1、L_2、L_3 三端接上电源，闭合 QS 通电试验。按照顺序测试电路的各项功能，每错一项扣 10 分，扣完为止。如出现功能不对的项目，则后面的功能均算错。将测试结果填入表 2-6。

表 2-6　复合联锁控制电路的通电测试记录

元器件	操作			
	闭合 QS	按下 SB_1	按下 SB_2	按下 SB_3
KM_1 线圈				
KM_2 线圈				

2.2.5　拓展知识：小车自动往返循环控制电路

小车自动往返循环控制电路是利用生产机械运动部件上的挡铁与行程开关碰撞，使其触点动作以接通或断开电路，从而实现对生产机械运动部件的位置或行程的自动控制，如图 2-4 所示。

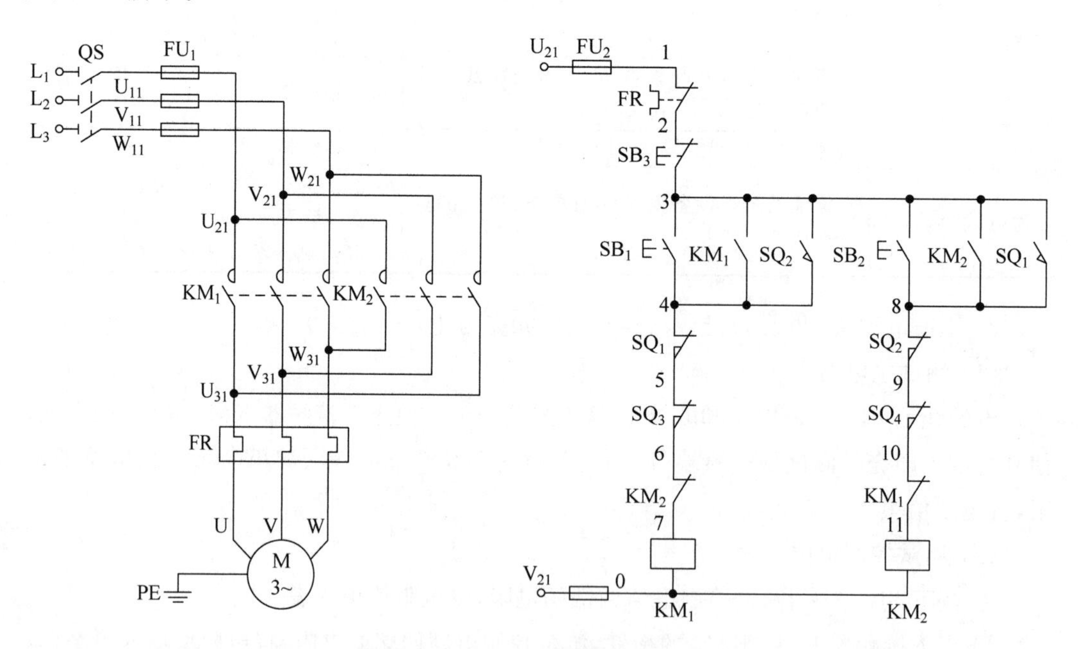

图 2-4　小车自动往返循环控制电路

图 2-4 中，KM_1、KM_2 分别为电动机正、反转接触器。小车自动往返循环控制过程如图 2-5 所示。

具体控制过程如下。

（1）正转前进启停过程。合上隔离开关 QS，按下正转启动按钮 SB_1，KM_1 线圈得电，KM_1 辅助常闭触点断开，对 KM_2 联锁，KM_1 辅助常开触点闭合（实现自锁），KM_1 主触点闭合，电动机正转，小车前进运行。小车运行至挡铁 SQ_1 时，SQ_1 常闭触点断开，KM_1 线圈失电，KM_1 常开主触点断开，电动机正转停止。此时，KM_1 常开辅助触点断开，解除

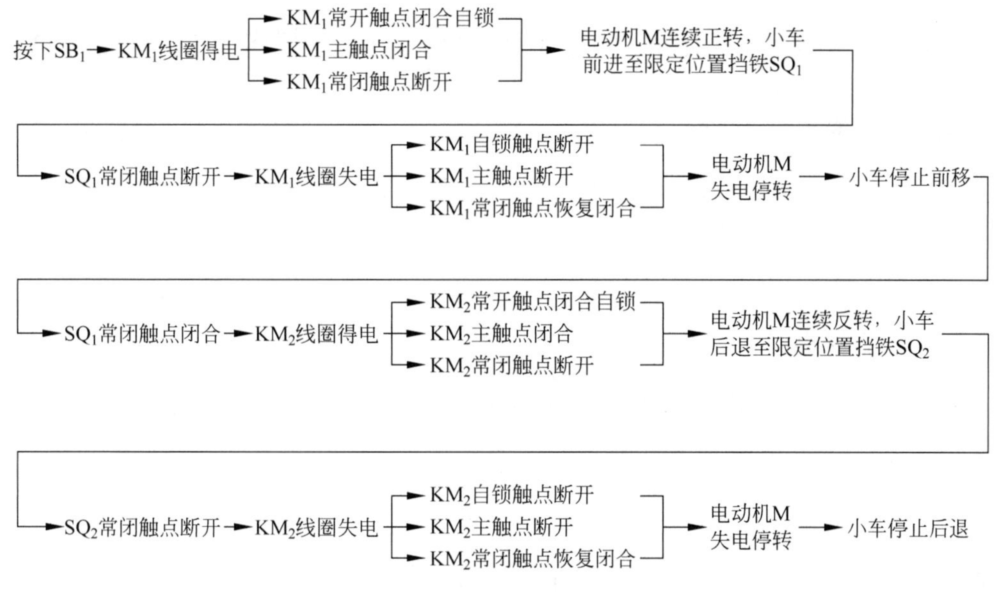

图 2-5　小车自动往返循环控制过程

对 KM_1 自锁，KM_1 常闭触点恢复闭合，解除对 KM_2 联锁。

(2) 反转返回启停过程。SQ_1 常开触点闭合，KM_2 线圈得电，KM_2 常闭触点断开，对 KM_1 联锁，KM_1 辅助常开触点闭合(实现自锁)，常开主触点闭合，电动机反转，小车返回运行。小车运行至挡铁 SQ_2 时，SQ_2 常闭触点断开，KM_2 线圈失电，KM_2 常开主触点断开，电动机反转停止。此时，KM_2 常开触点断开，解除对 KM_2 自锁，KM_2 常闭触点恢复闭合，解除对 KM_1 联锁。SQ_2 常开触点闭合，KM_1 再次线圈得电，重复(1)正转前进启停过程，小车实现来回往复运行。

(3) 当按下 SB_3 停止按钮时，各开关复位，电动机停转，小车停止运行。

(4) 越位控制。控制电路中增设了另外两个行程开关 SQ_3 和 SQ_4，在实际的工作台中，分别将这两个行程开关放置在自动切换电动机往返运行的 SQ_1 和 SQ_2 的外侧，目的是将 SQ_3 和 SQ_4 作为终端保护，以防止 SQ_1 和 SQ_2 在长期的运行中产成磨损而引起的失灵，从而引起工作台位置无法限制而发生生产事故。

2.2.6　思考与练习

1. 选择题

三相交流异步电动机可通过改变(　　)改变转动方向。

A. 电动势方向　　B. 电流方向　　C. 频率　　D. 电源相序

2. 判断题

在接触器联锁的正反转控制线路中，正转、反转接触器有时可以同时闭合。(　　)

3. 简答题

电动机“正—反—停”控制线路中，按钮联锁已经起到了互锁作用，为什么还要用接触器的常闭触点进行电气联锁？

任务 2.3　两台三相异步电动机联合运行控制电路的安装接线

2.3.1　任务描述

有多台电动机联合运行时，根据任务的需求不同，常常要求各设备之间能够按顺序工作，称为电动机的顺序控制。为了操作方便，有时候需要在多个地点进行控制，这就是电动机的多点控制。

2.3.2　任务目标

本任务要求掌握识读三相异步电动机顺序控制及多点控制电路原理图的方法，完成该控制电路的安装接线和通电调试。

2.3.3　知识链接

顺序控制包括手动操作和自动控制两种方式，分别由各接触器辅助触点、时间继电器完成相应电路接线。

三相异步电动机要实现多地控制，只要将每个停止按钮的常闭触点与相应交流接触器的线圈进行串联，将每个起动按钮与相应交流接触器的线圈并联就可以了。

1. 顺序工作时的联锁控制电路

在实际生产中，往往要求各种生产机械或运动部件能够按预定的顺序起动或停止。例如，磨床要求先起动润滑油泵，然后再起动主轴电动机；龙门刨床在工作台移动前，导轨润滑油泵要先起动。一般有顺序起动、同时停止，顺序起动、逆序停止等控制电路。

1）顺序起动、同时停止控制电路

顺序起动、同时停止控制电路如图 2-6 所示。

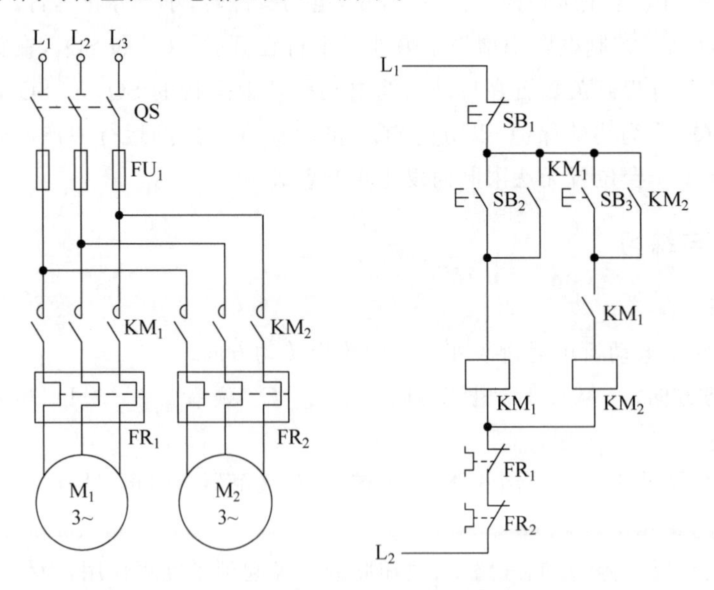

图 2-6　顺序起动、同时停止控制电路

顺序起动、同时停止控制电路的工作原理如下。

(1) 起动：按下 SB_2→KM_1 线圈通电→KM_1 主触点吸合，M_1 起动→与 SB_2 并联的 KM_1 常开辅助触点吸合，形成自锁→串联在 KM_2 线圈的 KM_1 常开辅助触点吸合，为 M_2 起动做好准备。

按下 SB_3→KM_2 线圈通电→KM_2 主触点吸合，M_2 起动。

注意：按下 SB_3→KM_1 常开触点断开→KM_2 线圈断电，M_2 电动机无法起动，即必须在起动 M_1 后，才可以起动 M_2。

(2) 停止：两台电动机都起动之后，要使电动机停止运行，可以按下 SB_1→KM_1 线圈断电→KM_1 主触点释放脱开，M_1 停止运转→KM_2 线圈断电→KM_2 主触点释放脱开，M_2 停止运转。

2) 顺序起动、逆序停止控制电路

顺序起动、逆序停止控制电路如图 2-7 所示。

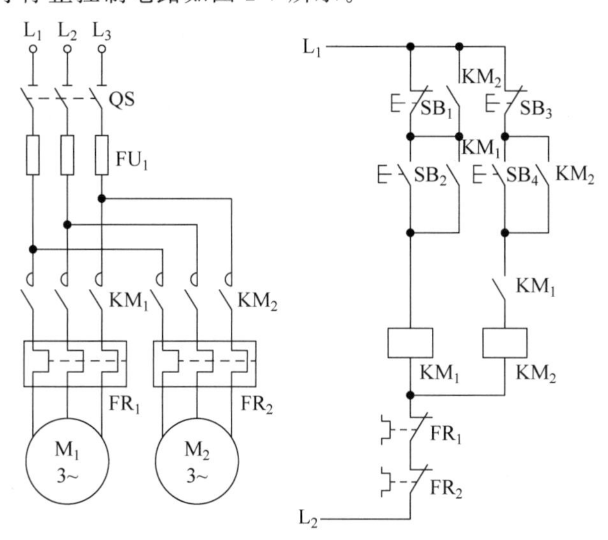

图 2-7　顺序起动、逆序停止控制电路

顺序起动、逆序停止控制电路的工作原理如下。

(1) 起动：按下 SB_2→KM_1 线圈通电→KM_1 主触点吸合，M_1 起动→与 SB_2 并联的 KM_1 辅助常开触点吸合，形成自锁→串联在 KM_2 线圈的 KM_1 辅助常开触点吸合，为 M_2 起动做好准备。

按下 SB_4→KM_2 线圈通电→KM_2 主触点吸合，M_2 起动→与 SB_4 并联的 KM_2 辅助常开触点吸合，形成自锁→与 SB_1 并联的 KM_2 辅助常开触点吸合，将 SB_1 短接。

(2) 停止。具体步骤如下。

按下 SB_3→KM_2 线圈断电→KM_2 主触点释放脱开，M_2 停止运转。

按下 SB_1→KM_1 线圈断电→KM_1 主触点释放脱开，M_1 停止运转。

注意：按下 SB_1→KM_1 线圈继续通电→M_1 电动机无法停止，即必须在停止 M_2 后，才可以停止 M_1。

2. 多点控制起动、停止的联锁控制电路

在实际生产中，为了操作方便，通常需要在多个地点进行控制操作。图 2-8 中 SB_3、SB_4

为起动按钮，SB_1、SB_2 为停止按钮，分别安装在两个不同的地方。任一地点按下起动按钮，KM 都能通电起动电动机并自锁，这时任一地点按下停止按钮 KM 都会失电，使电动机停机。

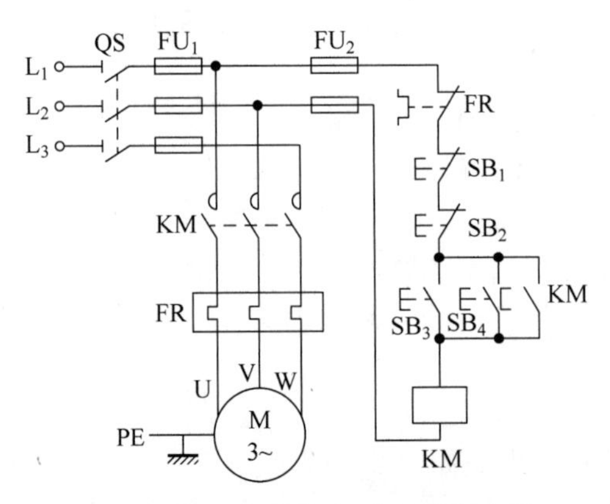

图 2-8 两地控制起动、停止控制电路

从图 2-8 中可以看出，起动按钮是并联在一起的，而停止按钮是串联在一起的。根据这一原则可实现更多地点的控制。

2.3.4 任务实施

1. 考核内容

(1) 在规定的时间内完成顺序起动、逆序停止控制电路(图 2-7)的安装接线，且通电试验成功。

(2) 安装工艺应达到基本要求，线头长短应适当且接触良好。

(3) 遵守安全规程，做到文明生产。

2. 考核要求及评分标准

1) 安装接线(30 分，扣完为止)

考核要求及评分标准见表 2-7。

表 2-7 安装接线评分标准

项目内容	要　求	评 分 标 准	扣分
元器件清点、选择	清点、选择元器件，填写元器件明细表	每填错一个元器件扣 2 分	
元器件安装	按图纸要求，正确利用工具和仪表，熟练安装元器件	每处错误扣 2 分	
	对于螺栓式接点，在导线连接时，应打羊眼圈，并按顺时针旋转；对于瓦片式接点，在导线连接时，直线插入接点固定即可	每处错误扣 2 分	
	严禁损伤线芯和导线绝缘层，接点上不能露铜过长	每处错误扣 2 分	
	时间继电器或热继电器整定值合适	每处错误扣 5 分	
	每个接线端子上连接的导线根数一般以不超过两根为宜，并保证接线牢固且长短线选择合理	每处错误扣 1 分	

续表

项目内容	要　　求	评 分 标 准	扣分
线路工艺	走线合理，做到横平竖直、布线整齐，各接点不能松动	每处错误扣1分	
	导线出线应留有一定的裕量，并做到长度一致	每处错误扣1分	
	导线变换走向要弯成直角，并做到高低一致或前后一致	每处错误扣1分	
	避免交叉线、架空线、绕线或叠线	每处错误扣2分	
通电试验	在保证人身和设备安全的前提下，通电试验一次成功	一次试验不成功，扣5分； 二次试验不成功，扣15分； 三次试验不成功，扣25分	

2）不通电测试（30分，每错一处扣5分，扣完为止）

（1）测试主电路。电源线 L_1、L_2、L_3 先不通电，闭合隔离开关 QS，方便压下接触器 KM_1、KM_2 的衔铁，使其主触点闭合。测试从电源端（L_1、L_2、L_3）到出线端（U_1、V_1、W_1）的每一相电路的电阻，将电阻值填入表2-8中。

（2）测试控制电路。

① 按下 SB_1、SB_2，测量控制电路两端的电阻，将电阻值填入表2-8中。

② 压下接触器 KM_1、KM_2 的衔铁，测量控制电路两端的电阻，将电阻值填入表2-8中。

表2-8 顺序起动、逆序停止控制电路的不通电测试记录

测量目标	主　电　路			主　电　路			控制电路两端			
操作步骤	闭合QS，压下 KM_1 的衔铁			闭合QS，压下 KM_2 的衔铁			按下 SB_1	压下 KM_1 的衔铁	按下 SB_2	压下 KM_2 的衔铁
电阻值/Ω	L_1 相	L_2 相	L_3 相	L_1 相	L_2 相	L_3 相				

3）通电测试（40分）

在使用万用表检测后，把 L_1、L_2、L_3 三端接上电源，闭合 QS 通电试验。按照顺序测试电路的各项功能，每错一项扣10分，扣完为止。如出现功能不对的项目，则后面的功能均算错。将测试结果填入表2-9中。

表2-9 顺序起动、逆序停止控制电路的通电测试记录

元器件	操　　作				
	闭合QS	按下 SB_1	按下 SB_2	按下 SB_3	按下 SB_4
KM_1 线圈					
KM_2 线圈					

2.3.5 拓展知识：由时间继电器控制的两台三相异步电动机联合运行控制电路

1. 时间继电器

时间
继电器

时间继电器是一种用来实现触点延时接通或断开的控制电器，按其动作原理与构造不同，可分为电磁式、空气阻尼式、电动式和晶体管式等类型。机床电气控制电路中应用较多的是空气阻尼式时间继电器，目前晶体管式时间继电器也获得了越来越广泛的应用。时间继电器电气符号如图 2-9 所示。

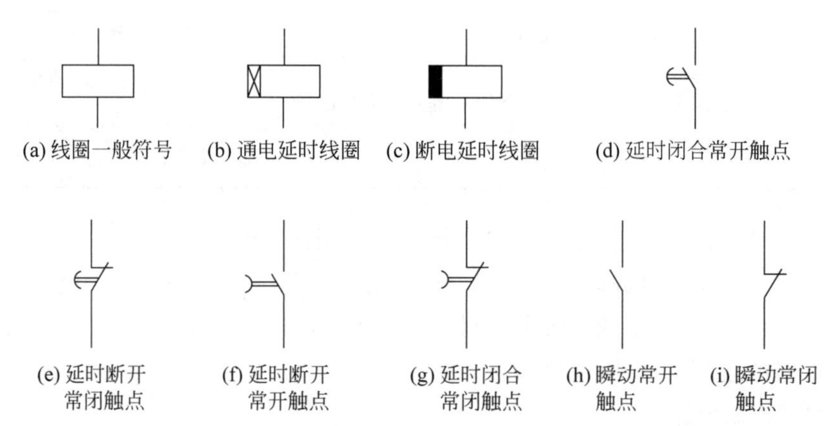

图 2-9 时间继电器电气符号

(1) 空气阻尼式时间继电器由电磁机构、延时机构和触点三部分组成。延时机构是利用空气通过小孔的节流原理的气囊式阻尼器。

(2) 时间继电器的延时方式有通电延时和断电延时两种。时间继电器动作原理如图 2-10 所示。

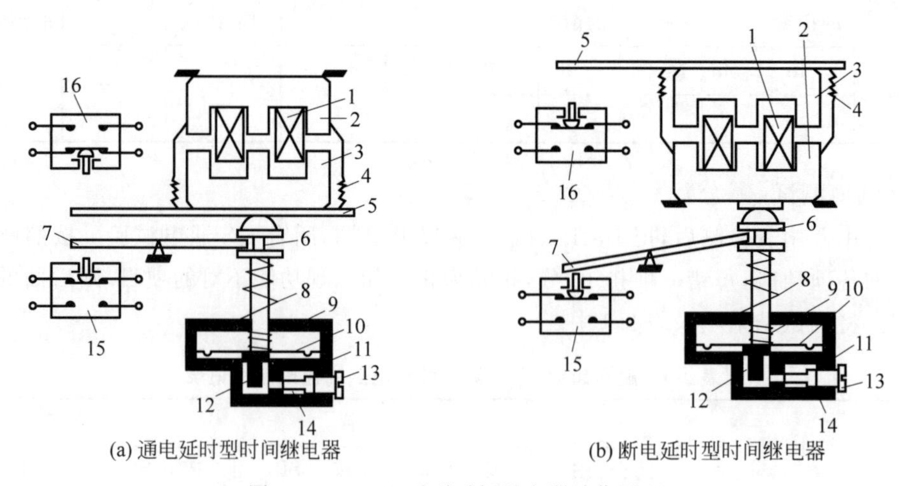

图 2-10 JS7-A 系列时间继电器动作原理

1—线圈；2—铁心；3—衔铁；4—复位弹簧；5—推板；6—活塞杆；7—杠杆；8—塔形弹簧；9—弱弹簧；10—橡皮膜；11—空气室壁；12—活塞；13—调节螺杆；14—进气孔；15、16—微动开关

通电延时：接受输入信号后延迟一定的时间，输出信号才发生变化。当输入信号消失后，输出瞬时复原。

断电延时：接受输入信号时，瞬时产生相应的输出信号，当输入信号消失后，延迟一定的时间，输出才复原。

通电延时型继电器和断电延时型继电器工作原理如下。

(1) 通电延时型继电器。当线圈 1 通电后，铁心 2 将衔铁 3 吸合，同时推板 5 使微动开关 16 立即动作。活塞杆 6 在塔形弹簧 8 的作用下，带动活塞 12 及橡皮膜 10 向上移动，由于橡皮膜下方气室空气稀薄，形成负压，因此活塞杆 6 不能迅速上移。当空气由进气孔 14 进入时，活塞杆才逐渐上移。移到最上端时，杠杆 7 使微动开关 15 动作。延时时间即为电磁铁吸引线圈通电到微动开关 15 动作这段时间。通过调节螺杆 13 可以改变进气孔的大小，从而调节延时时间。

当线圈 1 断电时，衔铁 3 在复位弹簧 4 的作用下将活塞 12 推向最下端。因活塞被往下推时，橡皮膜下方气室内的空气都通过橡皮膜 10、弱弹簧 9 和活塞 12 肩部所形成的单向阀，经上气室缝隙顺利排掉，因此延时与不延时的微动开关 15 和 16 都能迅速复位。

(2) 断电延时型时间继电器。将电磁机构翻转 180°安装后，可得到断电延时型时间继电器。它的工作原理与通电延时型时间继电器相似，微动开关 15 是在吸引线圈断电后延时动作的。

空气阻尼式时间继电器的优点是结构简单、寿命长、价格低，还附有不延时的触点，所以应用较为广泛；缺点是准确度低、延时误差大(±10%～±20%)，要求延时精度较高的场合不宜采用。

2. 由时间继电器控制的两台三相异步电动机联合运行控制电路

时间继电器顺序起动控制电路如图 2-11 所示。

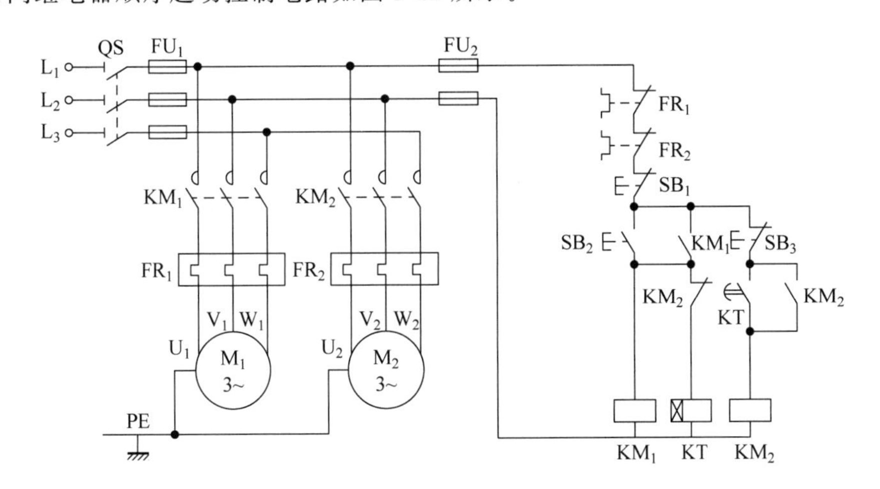

图 2-11　时间继电器顺序起动控制电路

图 2-11 所示控制电路的工作原理为：合上隔离开关 QS，按下 SB_2→KM_1 线圈、KT 线圈同时得电→KM_1 主触点闭合，辅助触点 KM_1 闭合自锁→电动机 M_1 起动连续运转，

KT 开始计时→计时时间到，串联在线圈 KM_2 的常开辅助触点 KT 闭合→KM_2 线圈得电→KM_2 主触点闭合，辅助触点 KM_2 闭合自锁→电动机 M_2 起动连续运转。同时串联在线圈 KT 的常闭辅助触点 KT 闭合，KT 线圈断电。

按下 SB_1，KM_1、KM_2 线圈失电→M_1、M_2 同时停转。

2.3.6 思考与练习

1. 选择题

若要求在接触器 KM_1 断电返回之后接触器 KM_2 才能断电返回，需要（　　）。

A. 在 KM_1 的停止按钮两端并联 KM_2 的常开触点

B. 在 KM_1 的停止按钮两端并联 KM_2 的常闭触点

C. 在 KM_2 的停止按钮两端并联 KM_1 的常开触点

D. 在 KM_2 的停止按钮两端并联 KM_1 的常闭触点

2. 设计题

某机床主轴工作台和润滑泵各由一台电动机控制，要求主轴电动机必须在润滑泵电动机运行后才能运行。主轴电动机能正反转，并能单独停机，有短路、过载保护。请设计主电路和控制电路。

3. 简答题

图 2-12 所示电路是三相异步电动机的什么控制电路？说明其工作原理。

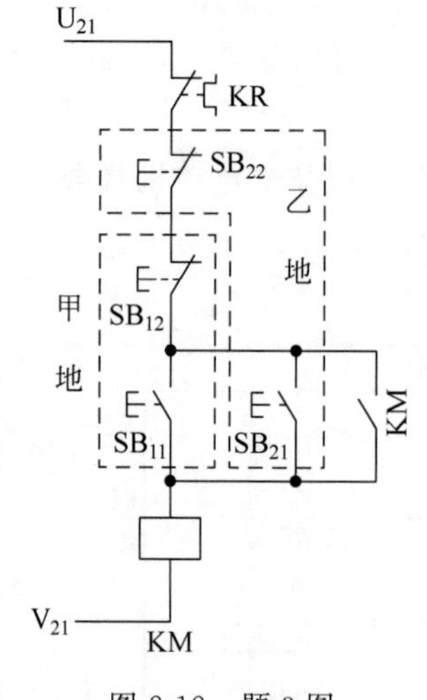

图 2-12　题 3 图

项目3　三相异步电动机的降压起动控制

学习目标

(1) 分析三相异步电动机降压起动控制电路的工作原理,能够根据电气原理图绘制电气安装接线图,按电气接线工艺要求完成电路的安装接线。

(2) 能够对所接降压起动控制电路进行检查与通电试验,会用万用表检测和排除常见的电气故障。

任务3.1　星形-三角形降压起动控制电路的安装接线

3.1.1　任务描述

异步电动机从接入电源开始转动到稳定运转的过程称为起动。对异步电动机起动的要求主要有以下几点。

(1) 起动电流不能太大。普通笼型异步电动机的起动电流约为额定电流的4～7倍,起动电流太大会使供电线路电压降增大,同时绕组发热,如果长时间频繁起动会使绕组过热,造成绝缘老化,大大缩短寿命。

(2) 要有足够的起动转矩。

(3) 起动设备要简单,价格低廉,便于操作及维护。

对于三相异步电动机来说,一般有全压起动(直接起动)和降压起动两种起动方式。全压起动只能用于小容量电动机。当电动机容量较大,不能满足全压起动时通常采用降压起动,以减小起动电流,防止过大的电流引起电源电压的波动,影响其他设备的运行。本任务主要介绍降压起动控制电路中的星形-三角形降压起动方式。

我国采用的低压电网供电电压为380V。当电动机接成星形,加在每相定子绕组上的起动电压为220V;当电动机接成三角形,加在每相定子绕组上的起动电压为380V。即当电动机起动时接成星形,加在每相定子绕组上的起动电压只有三角形接法的$1/\sqrt{3}$,这就是星形-三角形降压起动的工作原理。

3.1.2　任务目标

本任务要求掌握识读三相异步电动机星形-三角形降压起动控制电路图的方法,完成时间继电器控制的星形-三角形降压起动控制电路的安装接线和通电调试。

3.1.3 知识链接

正常运行时，定子绕组接成三角形的笼型异步电动机，均可采用星形-三角形降压起动方法，以达到限制起动电流的目的。

星形-三角形降压起动控制时因星形接线和三角形接线不能同时接通，所以不管是按钮切换的手动控制电路，还是时间继电器控制的自动控制电路均要实现互锁。

星形-三角形降压起动控制电路如图 3-1(a)所示。

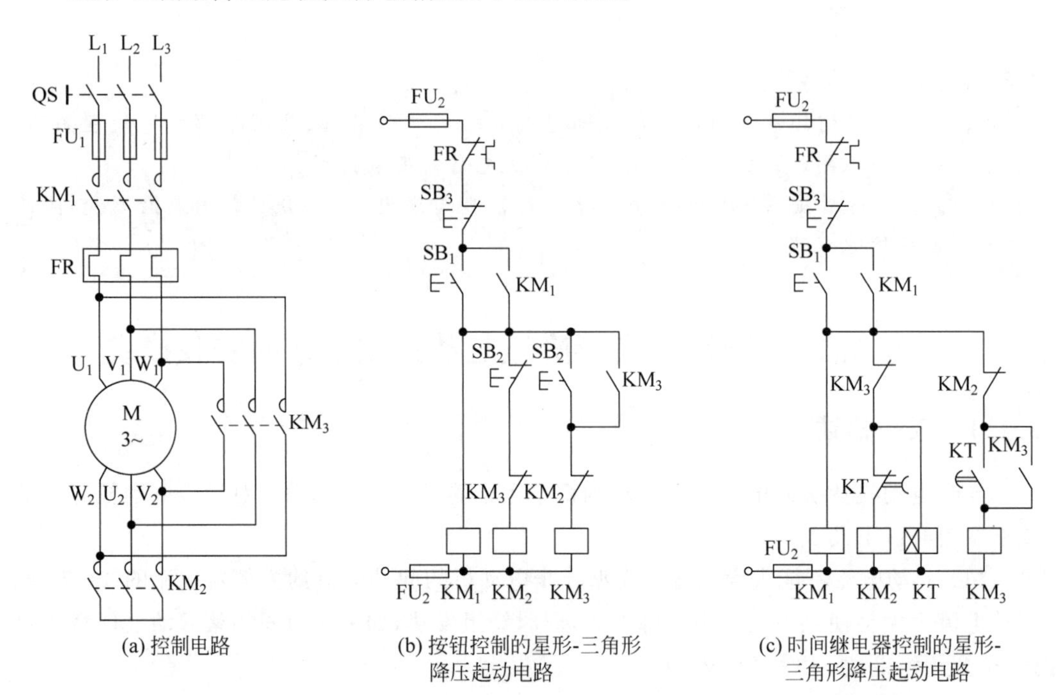

(a) 控制电路　(b) 按钮控制的星形-三角形降压起动电路　(c) 时间继电器控制的星形-三角形降压起动电路

图 3-1　星形-三角形降压起动控制电路

1. 按钮控制的星形-三角形降压起动控制电路

按钮控制的星形-三角形降压起动电路如图 3-1(b)所示。该电路使用了 3 个接触器、1 个热继电器和 3 个按钮。接触器 KM_1 作引入电源，接触器 KM_2 和 KM_3 分别用于星形起动和三角形运行，SB_1 是起动按钮，SB_2 是星形-三角形转换按钮，SB_3 是停止按钮，熔断器 FU_1 作为主电路的短路保护，熔断器 FU_2 作为控制电路的短路保护，FR 作为过载保护。

1）电路的工作原理

合上电源开关 QS，电动机星形(Y)连接降压起动。按下 SB_1 起动按钮，接触器 KM_1 和 KM_2 线圈通电，KM_1 常开自锁触点闭合自锁、KM_2 互锁触点分断对 KM_3 的互锁、KM_1 主触点闭合、KM_2 主触点闭合，电动机 M 接成星形(Y)降压起动。

2）电动机三角形(△)连接全压运行

当电动机转速上升到接近额定值时，按下 SB_2，SB_2 常闭触点断开，接触器 KM_2 线圈断电，其所控制的常闭触点闭合，常开触点断开，电动机星形连接断开；SB_2 常开触点闭合，接触器 KM_3 线圈通电，其所控制的互锁常闭触点断开，常开触点闭合，电动机定子绕组接为三角形，全压运行。

3）电动机停机

不管在哪种方式下运行，按下停止按钮 SB_3，电动机停止运行。停止使用时，应断开电源开关 QS。

按钮控制Y-△降压起动控制线路的缺点：操作者必须在电动机起动结束后，按下全压运行按钮，才可进行工作。若忘记按下全压运行按钮而进行工作，将会烧毁电动机。解决的办法是利用时间继电器进行自动控制。

2. 时间继电器控制的星形-三角形降压起动控制电路

时间继电器控制的星形-三角形降压起动电路如图 3-1(c)所示。该线路使用了一个时间继电器 KT 代替图 3-1(b)中的按钮 SB_2 实现自动控制，其余元器件名称及作用均与图 3-1(b)相同。

1）电路的工作原理

合上电源开关 QS，电动机星形(Y)连接降压起动。按下起动按钮 SB_1，接触器 KM_1、KM_2 及通电延时型时间继电器 KT 的线圈通电，KM_1 常开触点闭合自锁，KM_2 互锁触点分断对 KM_3 的互锁，KM_1、KM_2 主触点闭合，电动机 M 接成星形(Y)降压起动。

2）电动机三角形(△)连接全压运行

当电动机转速上升到接近额定值时，时间继电器 KT 延时动作，KT 延时闭合触点闭合、KT 延时断开触点先分断，接触器 KM_2 线圈断电，KM_2 互锁触点复位，KM_2 主触点分断，KM_3 线圈通电的同时 KM_3 互锁触点分断对 KM_2 的互锁(同时使 KT 断电，避免时间继电器长期通电工作)，KM_3 自锁触点闭合自锁，KM_3 主触点闭合，电动机 M 接成三角形全压运行。

3）电动机停机

不管在哪种方式下运行，按下停止按钮 SB_3，电动机停止运行。停止使用时，应断开电源开关 QS。

三相笼型异步电动机星形-三角形降压起动具有投资少、线路简单的优点，但是起动转矩只有直接起动时的 1/3，因此，只适用于空载或轻载起动的场合。

3.1.4　任务实施

1. 考核内容

(1) 在规定的时间内完成按钮控制的星形-三角形降压起动控制电路的安装接线，并能根据工艺要求进行调试。

(2) 线路布局横平竖直且接触良好，达到安装工艺基本要求。

(3) 对线路出现的故障能正确、快速地排除，通电试验成功。

(4) 遵守安全规程，做到文明生产。

2. 考核要求及评分标准

1）安装接线(30 分，扣完为止)

安装接线的考核要求及评分标准见表 3-1。

表 3-1　安装接线评分标准

项目内容	要　求	评分标准	扣分
元器件清点、选择	清点、选择元器件，填写元器件明细表	每填错一个元器件扣 2 分	
元器件安装	按图纸要求，正确利用工具和仪表，熟练安装元器件	每处错误扣 2 分	
	对于螺栓式接点，在导线连接时，应打羊眼圈，并按顺时针旋转；对于瓦片式接点，在导线连接时，直线插入接点固定即可	每处错误扣 2 分	
	严禁损伤线芯和导线绝缘层，接点上不能露铜过长	每处错误扣 2 分	
	时间继电器或热继电器整定值合适	每处错误扣 5 分	
	每个接线端子上连接的导线根数一般以不超过两根为宜，并保证接线牢固且长短线选择合理	每处错误扣 1 分	
线路工艺	走线合理，做到横平竖直、布线整齐，各接点不能松动	每处错误扣 1 分	
	导线出线应留有一定的裕量，并做到长度一致	每处错误扣 1 分	
	导线变换走向要弯成直角，并做到高低一致或前后一致	每处错误扣 1 分	
	避免交叉线、架空线、绕线或叠线	每处错误扣 2 分	
通电试验	在保证人身和设备安全的前提下，通电试验一次成功	一次试验不成功，扣 5 分； 二次试验不成功，扣 15 分； 三次试验不成功，扣 25 分	

2）不通电测试（30 分，每错一处扣 5 分，扣完为止）

（1）测试主电路。电源线 L_1、L_2、L_3 先不通电，闭合电源开关 QS，压下接触器 KM_1 的衔铁，使 KM_1 的主触点闭合。测试从电源端（L_1、L_2、L_3）到出线端（U_1、V_1、W_1）的每一相电路的电阻，将电阻值填入表 3-2。

（2）测试控制电路。

① 按下 SB_1，测量控制电路两端的电阻，将电阻值填入表 3-2。

② 压下接触器 KM_2 的衔铁，测量控制电路两端的电阻，将电阻值填入表 3-2。

③ 按下 SB_2，测试控制电路两端的电阻，将电阻值填入表 3-2。

④ 按下接触器 KM_3 的衔铁，测试控制电路两端的电阻，将电阻值填入表 3-2。

表 3-2　按钮控制的星形-三角形降压起动控制电路的不通电测试记录

测量目标	主　电　路			控制电路两端			
操作步骤	闭合 QS，压下 KM_1 的衔铁			按下 SB_1	压下 KM_2 的衔铁	按下 SB_2	压下 KM_3 的衔铁
电阻值/Ω	L_1 相	L_2 相	L_3 相				

3）通电测试(40 分)

在使用万用表检测后，把 L_1、L_2、L_3 三端接上电源，闭合 QS 通电试验。按照顺序测试电路的各项功能，每错一项扣 10 分，扣完为止。如出现功能不对的项目，则后面的功能均算错。将测试结果填入表 3-3。

表 3-3 按钮切换的星形-三角形降压起动控制电路的通电测试记录

元器件	操作			
	闭合 QS	按下 SB_1	按下 SB_2	按下 SB_3
KM_1 线圈				
KM_2 线圈				
KM_3 线圈				

3.1.5 拓展知识：定子串电阻降压起动控制电路

定子串电阻降压起动，就是在起动时将电阻串入电动机定子绕组中起降压限流作用，当电动机转速达到一定值时，再将电阻切除，使电动机在额定电压下运行。通常采用时间继电器控制起动时间，并自动切除电阻。

1）电路的工作原理

图 3-2 所示为以时间继电器控制的定子串电阻降压起动控制电路。

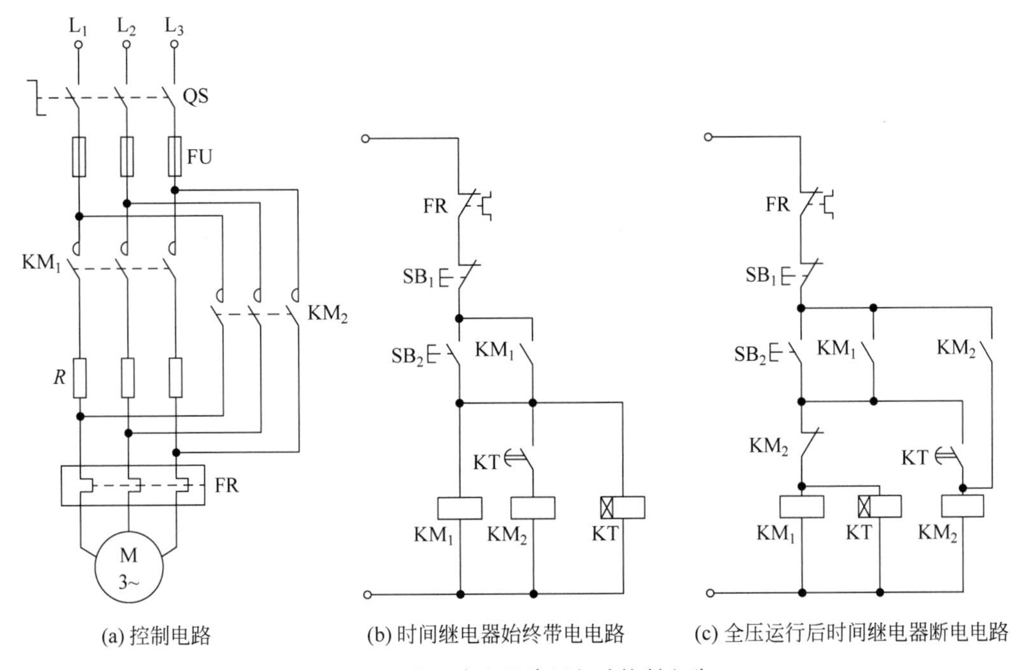

(a) 控制电路　(b) 时间继电器始终带电电路　(c) 全压运行后时间继电器断电电路

图 3-2　定子串电阻降压起动控制电路

当合上刀开关 QS，按下起动按钮 SB_2 时，由于此时 KM_2 尚未通电，其常闭辅助触点处于闭合状态，所以 KM_1 线圈得电，KM_1 常开自锁触点闭合自锁，KM_1 主触点闭合，电动机在串接电阻 R 的情况下起动，同时控制通电延时型时间继电器 KT 线圈闭合，KT 线圈通电开始计时，当达到整定值(根据起动所需时间整定)时，KT 延时闭合的常开触点闭合，KM_2 线圈通电，KM_2 常开自锁触点闭合自锁，KM_2 常闭触头断开；KM_1 线圈断电，KM_1 主触点分断切除串入电阻，电动机全压运行；KM_2 常闭辅助触点断开，使 KM_1 及 KT 断电以减小能量损耗，延长其使用寿命。

2）定子串电阻降压起动的方法

定子串电阻降压起动的控制电路有如图 3-2(b)和(c)所示两种。由于不受电动机接线方式的限制，设备简单，因此常用于中小型生产机械中。对于大容量电动机，由于所串电阻能量消耗大，故一般选择串接电抗器实现降压起动。另外，由于串电阻(电抗器)起动时，加到定子绕组上的电压一般只有直接起动时的一半，因此其起动转矩只有直接起动时的 1/4。所以定子串电阻(电抗器)降压起动方法只适用于起动要求平稳、起动次数不频繁的空载或轻载起动的鼠笼式电动机。

3.1.6 思考与练习

1. 选择题

(1) 三相异步电动机采用星形-三角形降压起动时，定子绕组在星形连接状态下起动电压为三角形连接起动电压的(　　)。

A. 1/2　　B. 1/3　　C. 1/4　　D. 1/5

(2) 三相对称电源的连接方式为星形连接。已知线电压的有效值为 380V，则相电压的有效值为(　　)。

A. 500V　　B. 380V　　C. 220V

2. 简答题

画出按钮切换星形-三角形降压起动的电路图，并说明不用电气联锁在什么情况下会出现主电路短路事故，指出该电路的缺点。

任务 3.2　自耦变压器降压起动控制电路的安装接线

3.2.1 任务描述

对于三相异步电动机来说，降压起动方法很多，除了任务 3.1 介绍的方法之外，本节将继续介绍降压起动控制电路中的自耦变压器起动方式。

采用自耦变压器降压起动的控制电路，是依靠自耦变压器的降压作用实现限制起动电流的目的。自耦变压器起动常采用起动补偿器来实现，这种起动补偿器有手动操作和自动操作两种形式。本任务将对自耦变压器降压起动补偿器的继电器降压起动控制方式进行分析。

为了更清晰地了解自动控制的原理，本任务先介绍继电器中经常使用的电磁式继电器的工作原理。

3.2.2 任务目标

本任务要求了解电磁式继电器的工作原理，掌握识读三相异步电动机自耦变压器降压起动控制电路图的方法，完成自耦变压器降压起动控制电路的安装接线和通电调试。

3.2.3 知识链接

采用自耦变压器降压起动，利用自耦变压器的降压实现限制起动电流。电动机起动时，定子绕组和自耦变压器的二次端相连，即定子绕组承受自耦变压器的二次电压。自耦变压器一般有65%、85%等抽头，调整抽头的位置可获得不同的起动电压，可根据需要进行选择。一旦起动结束，自耦变压器便被切除，这时定子绕组直接与电源电压相连，即实现了全压运行。

1. 电磁式继电器

继电器是一种起传递信号作用的自动电器，广泛应用于电力拖动控制、电力系统保护和各类遥控以及通信系统中。

继电器一般由输入感测机构和输出执行机构两部分构成。输入感测机构用于反映输入量的高低，输入量可以是电压、电流等电量，也可以是温度、压力等非电量；输出执行机构用于接通或分断所控制或保护的电路。继电器品种繁多，按工作原理可分为电磁式继电器、机械式继电器、热继电器和半导体式继电器。本书只介绍电磁式继电器。

电磁式继电器和接触器一样具有电磁机构，动作原理也基本相似。主要区别在于：继电器用于切换小电流的控制电路和保护电路，故继电器没有灭弧装置，也无主副触点之分。继电器广泛用于电力传动系统中，起控制、放大、联锁、保护与调节的作用，以实现控制过程的自动化。

JT4系列电磁式继电器为常用的通用继电器，如图3-3所示。其磁路系统是由U形静铁心和一块板状衔铁构成。在不通电时，衔铁借反力弹簧打开；通电时，电磁铁心产生的吸力克服弹簧的反作用力，使衔铁绕支点转动并与铁心吸合，常闭触点断开，常开触点闭合。为了减少铁心闭合时的剩磁，避免衔铁释放不开，通常在衔铁与铁心之间加一非磁性垫片（一般为0.1～0.5mm^2铜片）。这种通用型继电器，在其磁路系统中装上不同的线圈后可制成不同的继电器，常用的电磁式继电器有电压继电器、电流继电器和中间继电器。

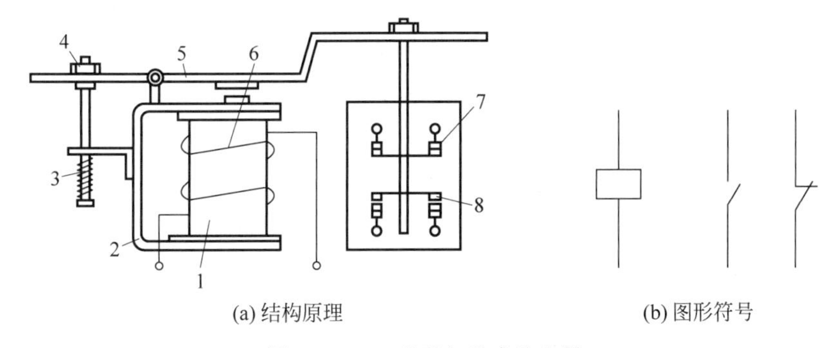

(a) 结构原理　　(b) 图形符号

图3-3　JT4系列电磁式继电器

1—静铁心；2—磁轭；3—反力弹簧；4—调节螺钉；5—衔铁；6—线圈；7—常闭触点；8—常开触点

1）电压继电器

电压继电器的线圈接在一定电压上，反应被控制或被保护电路电压的变化，故称为电压继电器。实际应用中，电压继电器的线圈与负载并联，其线圈匝数多且导线细。按其动作特征可分为过电压继电器和欠电压(零电压)继电器,其图形和文字符号如图 3-4 所示。

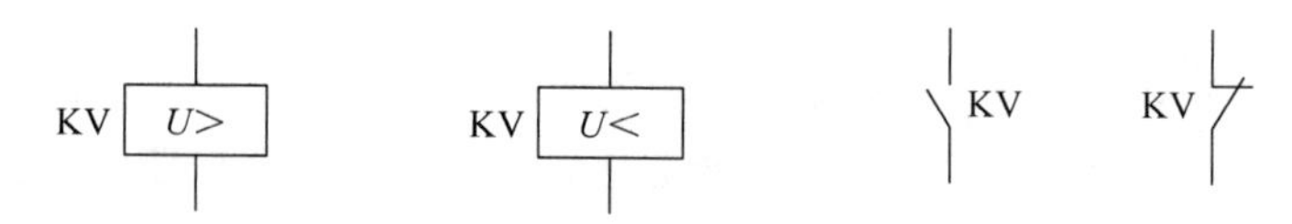

(a) 过电压继电器线圈　(b) 欠电压继电器线圈　(c) 常开触点　(d) 常闭触点

图 3-4　电压继电器图形及文字符号

(1) 过电压继电器:电路正常工作时,过电压继电器不动作,当电路电压超过某一整定值时(一般为 105%～120%U_N),过电压继电器吸合,对电路实现过电压保护。

(2) 欠电压继电器:电路正常工作时,欠电压继电器吸合,当电路电压减小到某一整定值以下时(40%～70%U_N),欠电压继电器释放,对电路实现欠电压保护。

(3) 零电压继电器:当电路电压降低到 10%～35%U_N 时释放,对电路实现零电压保护。

2) 电流继电器

电流继电器的线圈串接在被控制或被保护电路中,反映电路电流的变化,故称为电流继电器。实际应用中,电流继电器的线圈与负载串联,其线圈的匝数少且线径粗。常用的有欠电流继电器和过电流继电器两种,其图形和文字符号如图 3-5 所示。

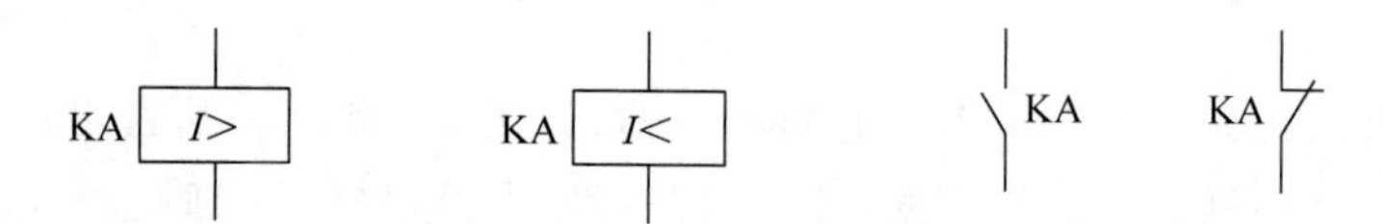

(a) 过电流继电器线圈　(b) 欠电流继电器线圈　(c) 常开触点　(d) 常闭触点

图 3-5　电流继电器图形及文字符号

(1) 欠电流继电器:电路正常工作时,欠电流继电器吸合,当电路电流减小到某一整定值以下时(10%～20%I_N),欠电流继电器释放,对电路实现欠电流保护。

(2) 过电流继电器:电路正常工作时,过电流继电器不动作,当电路电流超过某一整定值时(一般为 110%～400%I_N),过电流继电器吸合,对电路实现过电流保护。

3) 中间继电器

中间继电器在结构上是一个电压继电器,用于远距离传输或转换控制信号的中间元器件。其输入的是线圈的通电或断电信号,输出信号为多对触点的动作。其主要用途是当其他继电器的触点数或触点容量不够时,可借助触点数多、触点容量大(额定电流为 5～10A)的中间继电器扩充触点数或触点容量。其图形和文字符号如图 3-6 所示。

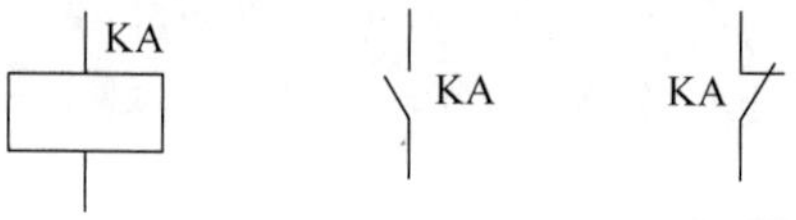

KA　KA　KA

(a) 线圈　(b) 常开触点　(c) 常闭触点

图 3-6　中间继电器图形及文字符号

继电器在相应使用类别下触点的额定工作电压 U_N 和额定工作电流 I_N，表明该继电器触点所能切换电路的能力。选用时，继电器的最高工作电压可为该继电器的额定绝缘电压，继电器的最高工作电流一般应小于该继电器的额定发热电流。若按电源种类，继电器可分为交流、直流继电器。直流电压有 12V、24V、48V、110V、220V 等规格；交流电压有 36V、110V、127V、220V、380V 等规格。交流、直流电流可以有 1～1250A 多种规格。大部分电磁式继电器的整定参数是可调节的，见表 3-4。

表 3-4　电磁继电器的整定参数

继电器类型	电流种类	可调参数	可调参数范围
电压继电器	直流	动作电压	吸合电压 30%～50%U_N 释放电压 7%～20%U_N
过电压继电器	交流	动作电压	105%～120%U_N
过电流继电器	交流	动作电流	110%～350%I_N
	直流		70%～300%I_N
欠电流继电器	直流	动作电流	吸合电流 30%～65%I_N 释放电流 10%～20%I_N

2. 自耦变压器降压起动控制电路的分析

图 3-7 所示控制电路是通过时间继电器来实现的自动控制自耦变压器降压起动电路。

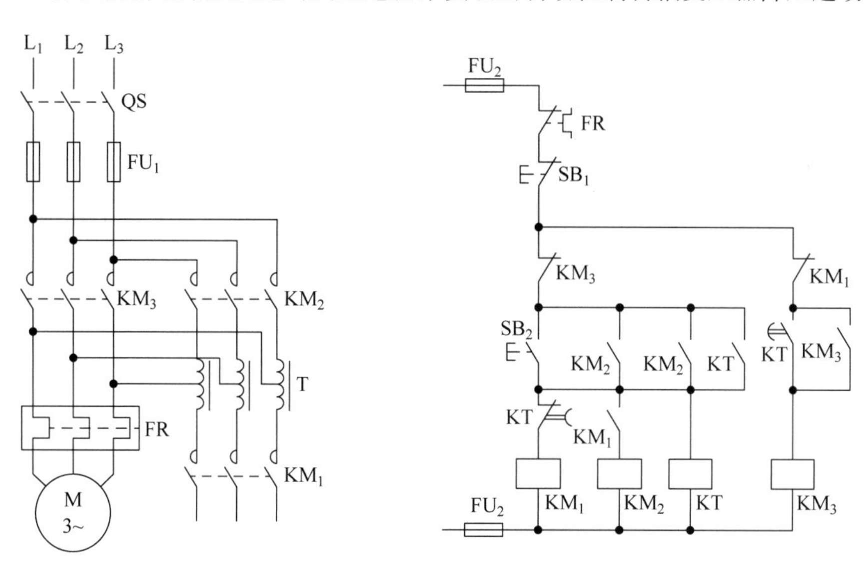

图 3-7　时间继电器控制自耦变压器降压起动电路

1）电路的工作原理

合上电源开关 QS，按下起动按钮 SB_2，交流接触器 KM_1 的线圈得电，主触点闭合使变压器接成星形连接，KM_1 常闭触点断开使接触器 KM_3 线圈断电，KM_1 常开触头闭合使接触器 KM_2 线圈通电并自锁，将自耦变压器原边与电源相连，电动机开始降压起动。同时通电延时型时间继电器 KT 开始延时，当电动机转速上升到一定转速时，KT 延时结束，其常闭触点切断 KM_1 线圈支路，KM_1 所有触点复位，KT 常开触点接通接触器 KM_3

线圈支路，KM_3 线圈通电并自锁，KM_3 常闭辅助触头切断 KM_1、KM_2 和 KT 线圈支路，KM_1、KM_2 和 KT 线圈断电释放，KM_1、KM_2 主触点将自耦变压器切除，KM_3 主触点闭合，电动机开始全压运行。

2）电动机停机

按下按钮 SB_1，电动机停止运行。停止使用时，断开电源开关 QS。

3.2.4 任务实施

1. 考核内容

（1）在规定的时间内完成自耦变压器降压起动控制电路的安装接线，并能根据工艺要求进行调试。

（2）线路布局横平竖直且接触良好，达到安装工艺基本要求。

（3）对线路出现的故障能正确、快速地排除，通电试验成功。

（4）遵守安全规程，做到文明生产。

2. 考核要求及评分标准

1）安装接线（30 分，扣完为止）

安装接线的考核要求及评分标准见表 3-5。

表 3-5 安装接线评分标准

项目内容	要求	评分标准	扣分
元器件清点、选择	清点、选择元器件，填写元器件明细表	每填错一个元器件扣 2 分	
元器件安装	按图纸要求，正确利用工具和仪表，熟练安装元器件	每处错误扣 2 分	
	对于螺栓式接点，在导线连接时，应打羊眼圈，并按顺时针旋转；对于瓦片式接点，在导线连接时，直线插入接点固定即可	每处错误扣 2 分	
	严禁损伤线芯和导线绝缘层，接点上不能露铜过长	每处错误扣 2 分	
	时间继电器或热继电器整定值合适	每处错误扣 5 分	
	每个接线端子上连接的导线根数一般以不超过两根为宜，并保证接线牢固且长短线选择合理	每处错误扣 1 分	
线路工艺	走线合理，做到横平竖直、布线整齐，各接点不能松动	每处错误扣 1 分	
	导线出线应留有一定的裕量，并做到长度一致	每处错误扣 1 分	
	导线变换走向要弯成直角，并做到高低一致或前后一致	每处错误扣 1 分	
	避免交叉线、架空线、绕线或叠线	每处错误扣 2 分	
通电试验	在保证人身和设备安全的前提下，通电试验一次成功	一次试验不成功，扣 5 分；二次试验不成功，扣 15 分；三次试验不成功，扣 25 分	

2）不通电测试（30分，每错一处扣5分，扣完为止）

（1）测试主电路。

电源线L_1、L_2、L_3先不通电，闭合电源开关QS，压下接触器KM_3的衔铁，使KM_3的主触点闭合。测试从电源端（L_1、L_2、L_3）到出线端（U_1、V_1、W_1）的每一相电路的电阻，将电阻值填入表3-6。

（2）测试控制电路。

① 按下按钮SB_2，测量控制电路两端的电阻，将电阻值填入表3-6。

② 同时压下接触器KM_1、KM_2的衔铁，测量控制电路两端的电阻，将电阻值填入表3-6。

③ 压下接触器KM_3的衔铁，测试控制电路两端的电阻，将电阻值填入表3-6。

表3-6　时间继电器控制自耦变压器降压起动电路的不通电测试记录

测量目标	主　电　路			控制电路两端		
操作步骤	闭合QS，压下KM_3的衔铁			按下SB_2	同时压下KM_1、KM_2的衔铁	压下KM_3的衔铁
电阻值/Ω	L_1相	L_2相	L_3相			

3. 通电测试（40分）

在使用万用表检测后，把L_1、L_2、L_3三端接上电源，闭合QS通电试验。按照顺序测试电路的各项功能，每错一项扣10分，扣完为止。如出现功能不对的项目，则后面的功能均算错。将测试结果填入表3-7。

表3-7　时间继电器控制自耦变压器降压起动电路的通电测试记录

元器件	操　　作			
	闭合QS	按下SB_2	KT起动	按下SB_1
KM_1线圈				
KM_2线圈				
KM_3线圈				

3.2.5　拓展知识：绕线式异步电动机转子侧串频敏变阻器起动控制电路

绕线式异步电动机能够在转子绕组中串接外接电阻以改善电动机的起动。起动时，一般采用转子串多级起动电阻，然后分级切除起动电阻的方法。但是转子串电阻起动线路中，由于所串电阻是分级减少的，电流和转矩都会产生突变，对生产机械会造成较大的冲击，且使用电器多，控制电路复杂。实际应用中，为了克服逐级切除起动电阻的麻烦，以及消除切除电阻时引起的对电流和转矩的冲击，常选用频敏变阻器起动。

频敏变阻器实质上是一个铁心损耗很大的三相电抗器，它的铁心由几片或十几片较厚的钢板或铁板叠成。起动过程中，电动机转子感应电流的频率是变化的。刚起动时，转子电流频率最高，$f_2=f_1$，此时频敏变阻器的 R、X 最大，即等效阻抗最大。当电动机转速不断上升时，$f_2=sf_1$ 便逐渐下降，其等效阻抗逐渐减小，电流也逐渐减小，从而达到自动平滑改变电动机转子阻抗，实现无级平滑起动的目的。当电动机正常运行时 f_2 很小，所以阻抗也变得很小。起动结束后频敏变阻器应短路切除。

图 3-8 是绕线式异步电动机转子串频敏变阻器起动控制线路。起动过程可以手动控制，也可以自动控制，由转换开关 SA 完成。

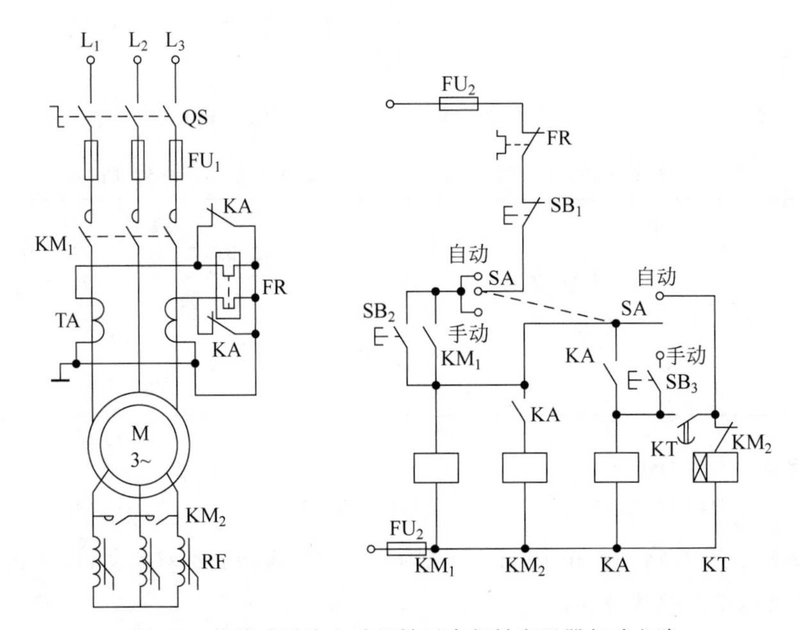

图 3-8 绕线式异步电动机转子串频敏变阻器起动电路

电路工作原理：将 SA 扳向自动控制位置，合上刀开关 QS，按下起动按钮 SB_2 时，电源接触器 KM_1、通电延时型时间继电器 KT 线圈通电并自锁，KM_1 主触点闭合，电动机定子绕组与三相电源相连，转子串频敏变阻器起动。随着转速上升，频敏变阻器阻抗逐渐减小。当转速上升到接近额定转速时，KT 整定时间已到，其延时常开触点闭合，中间继电器 KA 线圈得电，KA 常开触点闭合接通短接接触器 KM_2 线圈支路，KM_2 线圈通电并自锁，其常开触点闭合，切除频敏变阻器，电动机进入正常运行状态。

另外，在起动期间，中间继电器 KA 的常闭触点将继电器的热元件短接，是为了防止起动电流过大而引起热元件误动作。进入运行期后，KA 常闭触点断开热元件接入电流互感器二次回路进行过载保护。

3.2.6 思考与练习

1. 选择题

(1) 电压继电器是反映(　　)变化的继电器。

A. 电流　　　　B. 电压　　　　C. 电阻

(2) 自耦变压器降压起动？主要适用于正常运行时，定子绕组接成(　　)的三相鼠笼式电动机。

A. 三角形　　B. 星形

C. 双星形　　D. 三角形或星形

2. 简答题

(1) 什么是自耦变压器降压起动？什么情况下采用自耦变压器降压起动？

(2) 试分析图 3-8 所示绕线式异步电动机转子串频敏变阻器起动电路的手动控制过程。

项目4 三相异步电动机的调速与制动控制电路

学习目标

(1) 分析三相异步电动机变极调速控制电路的工作原理,能够根据电气原理图绘制电气安装接线图,按电气接线工艺要求完成电路的安装接线。

(2) 能够对所接变极调速控制电路进行检查与通电试验,会用万用表检测和排除常见的电气故障。

(3) 分析三相异步电动机反接制动和能耗制动控制电路的工作原理,并能够进行电路安装接线与调试。

任务4.1 三相异步电动机变极调速控制电路的安装接线

4.1.1 任务描述

由三相异步电动机的转速公式 $n=60f_1(1-s)/p$ 可知,三相异步电动机的调速方法主要有变极调速、变转差率调速及变频调速三种。变转差率调速的方法可通过调节定子电压、转子侧串电阻以及采用串级调速、电磁转差离合器调速等方法来实现。这些方法目前在工厂中应用广泛。转子侧串电阻的调速方法只适用于绕线转子异步电动机。变频调速和串级调速比较复杂,将在专门的课程中讲授,本项目仅介绍笼型异步电动机变磁极对数调速的基本控制电路。

改变磁极对数,可以改变电动机的同步转速,也就改变了电动机的转速。一般的三相异步电动机磁极对数是不能随意改变的,为此必须选用双速或多速电动机。由于电动机的磁极对数是整数,所以这种调速方法是有级的。变磁极对数调速,原则上对笼型异步电动机和绕线转子异步电动机都适用,但若要改变绕线转子异步电动机的定子磁极对数,必须同时改变转子磁极对数使之与定子磁极对数一致,其结构相当复杂,故一般不采用。而笼型异步电动机的转子磁极对数会自动跟随定子磁极对数的变化而变化,使定转子的磁极对数始终保持相等,因此只要改变定子磁极对数就可以了,所以变极调速仅适用于三相笼型异步电动机。

笼型异步电动机常采用两种方法来改变定子绕组的磁极对数:一是改变定子绕组的连接方法;二是在定子上设置具有不同磁极对数的两套互相独立的绕组。有时为了获得更多的速度等级(如需要得到三个以上的速度等级),则在同一台电动机上同时采用两种方法。

4.1.2 任务目标

(1) 识读三相异步电动机变极调速控制电路图;

(2) 完成按钮控制的双速电动机控制电路安装接线和通电调试。

4.1.3 知识链接

三相双速异步电动机内部有两套磁极个数不同,又相互绝缘的低速和高速绕组,其控制线路分别由低速、高速自锁控制电路构成。双速电动机控制线路的装调与正反转控制线路类似,在连接线路时低速控制电路与高速控制电路需要互锁。

1. 双速电动机定子绕组的接线方式

图4-1所示为4/2极的双速异步电动机定子绕组接线示意图。图4-1(a)所示为三角形连接,电动机定子绕组的 U_1、V_1、W_1 接三相交流电源,U_2、V_2、W_2 悬空,此时每相绕组中的1、2线圈串联,电流方向如虚线箭头所示,电动机四极运行,同步转速为1500r/min,为低速。图4-1(b)所示为双星形连接,电动机定子绕组的 U_1、V_1、W_1 连在一起,U_2、V_2、W_2 接三相交流电源,此时每相绕组中的1、2线圈并联,电流方向如虚线箭头所示,电动机两极运行,同步转速为3000r/min,为高速。

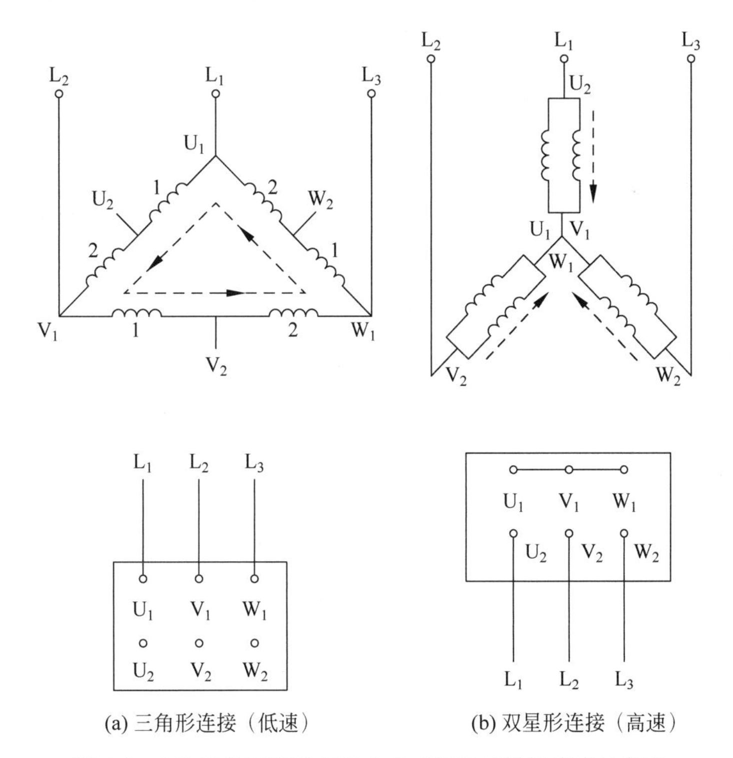

(a) 三角形连接(低速)　(b) 双星形连接(高速)

图4-1　4/2极的双速异步电动机三相定子绕组接线示意图

值得注意的是,双速电动机定子绕组从一种接法改变为另一种接法时,必须把电源相序反接,以保证电动机的旋转方向不变。

2. 按钮控制的双速电动机控制电路

控制电路如图 4-2(b)所示。合上电源开关 QS,按下低速起动按钮 SB_2,低速接触器 KM_1 线圈得电并自锁,KM_1 主触点闭合,电动机定子绕组为三角形连接,电动机低速运转。高速运转时,按下高速起动按钮 SB_3,低速接触器 KM_1 线圈断电,其主触点断开,常闭辅助触点复位,高速接触器 KM_2 和 KM_3 线圈得电并自锁,其主触点闭合,电动机定子绕组为双星形连接,电动机高速运转。电动机的高速运转由 KM_2 和 KM_3 两个接触器来控制,只有当两个接触器线圈都得电时,电动机才允许高速工作。

3. 时间继电器控制的双速电动机控制电路

控制电路如图 4-2(c)所示。SB_2 按钮是低速起动按钮,按下按钮 SB_2,接触器 KM_1 线圈得电,其主触点闭合,电动机定子绕组为三角形连接,电动机低速运转。若要电动机高速运转,按下按钮 SB_3,继电器 KA 线圈得电并自锁,时间继电器 KT 线圈也得电,计时开始,接触器 KM_1 线圈得电,其主触点闭合使电动机定子绕组为三角形连接,电动机先以低速起动。一段延时后,时间继电器 KT 动作,其常闭触点延时断开,接触器 KM_1 线圈断电,KM_1 主触点断开,KT 的常开触点延时闭合,接触器 KM_2、KM_3 线圈得电,KM_2、KM_3 的主触点闭合,使电动机定子绕组为双星形连接,以高速运转。

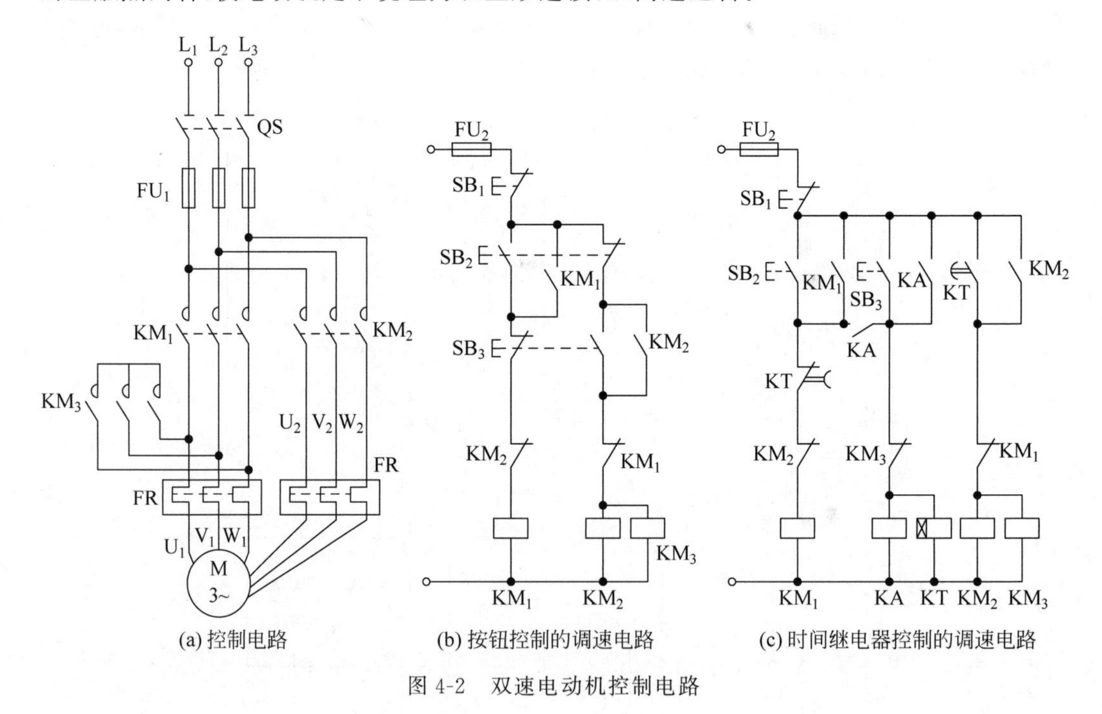

(a) 控制电路　(b) 按钮控制的调速电路　(c) 时间继电器控制的调速电路

图 4-2　双速电动机控制电路

4.1.4 任务实施

1. 考核内容

(1) 在规定的时间内完成按钮控制的双速电动机控制电路的安装接线,且通电试验成功。

(2) 安装工艺应达到基本要求,线头长短应适当且接触良好。

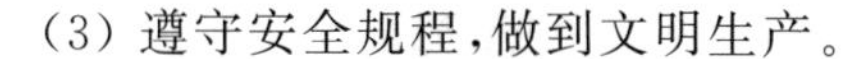

(3) 遵守安全规程，做到文明生产。

2. 考核要求及评分标准

考核要求及评分标准见表 4-1。

1) 安装接线(30 分，扣完为止)

表 4-1　安装接线评分标准

项目内容	要　　求	评分标准	扣分
元器件清点、选择	清点、选择元器件，填写元器件明细表	每填错一个元器件扣 2 分	
元器件安装	按图纸要求，正确利用工具和仪表，熟练安装元器件	每处错误扣 2 分	
	对于螺栓式接点，在导线连接时，应打羊眼圈，并按顺时针旋转；对于瓦片式接点，在导线连接时，直线插入接点固定即可	每处错误扣 2 分	
	严禁损伤线芯和导线绝缘层，接点上不能露铜过长	每处错误扣 2 分	
	时间继电器或热继电器整定值合适	每处错误扣 5 分	
	每个接线端子上连接的导线根数一般以不超过两根为宜，并保证接线牢固且长短线选择合理	每处错误扣 1 分	
线路工艺	走线合理，做到横平竖直、布线整齐，各接点不能松动	每处错误扣 1 分	
	导线出线应留有一定的裕量，并做到长度一致	每处错误扣 1 分	
	导线变换走向要弯成直角，并做到高低一致或前后一致	每处错误扣 1 分	
	避免交叉线、架空线、绕线或叠线	每处错误扣 2 分	
通电试验	在保证人身和设备安全的前提下，通电试验一次成功	一次试验不成功，扣 5 分； 二次试验不成功，扣 15 分； 三次试验不成功，扣 25 分	

2) 不通电测试(30 分，每错一处扣 5 分，扣完为止)

(1) 测试主电路。

电源线 L_1、L_2、L_3 先不通电，闭合电源开关 QS，压下接触器 KM_1 的衔铁，使 KM_1 的主触点闭合。测试从电源端(L_1、L_2、L_3)到出线端(U_1、V_1、W_1)的每一相电路的电阻，将电阻值填入表 4-2。

(2) 测试控制电路。

① 按下按钮 SB_2，测量控制电路两端的电阻，将电阻值填入表 4-2。

② 压下接触器 KM_1 的衔铁，测量控制电路两端的电阻，将电阻值填入表 4-2。

③ 按下按钮 SB_3，测试控制电路两端的电阻，将电阻值填入表 4-2。

④ 同时压下接触器 KM_2、KM_3 的衔铁，测试控制电路两端的电阻，将电阻值填入表 4-2。

表 4-2 按钮控制的双速电动机控制电路的不通电测试记录

测量目标	主 电 路			控制电路两端			
操作步骤	闭合 QS,压下 KM_1 的衔铁			按下 SB_2	压下 KM_1 的衔铁	按下 SB_3	同时压下 KM_2、KM_3 的衔铁
电阻值/Ω	L_1 相	L_2 相	L_3 相				

3) 通电测试(40 分)

在使用万用表检测后,把 L_1、L_2、L_3 三端接上电源,闭合 QS 通电试验。按照顺序测试电路的各项功能,每错一项扣 10 分,扣完为止。如出现功能不对的项目,则后面的功能均算错。将测试结果填入表 4-3。

表 4-3 按钮控制的双速电动机控制电路的通电测试记录

元器件	操 作			
	闭合 QS	按下 SB_2	按下 SB_3	按下 SB_1
KM_1 线圈				
KM_2 线圈				
KM_3 线圈				

4.1.5 拓展知识:绕线式异步电动机转子侧串电阻调速

三相绕线转子异步电动机的转子绕组可以通过滑环串接起动电阻以达到减小起动电流、提高转子电路功率因数和起动转矩的目的。在一般要求起动转矩较高的场合,绕线式转子异步电动机得到了广泛的应用。按照绕线式转子异步电动机转子绕组在起动过程中串接的装置不同,分为串电阻起动和串频敏变阻器起动两种控制电路。本小节讲述串电阻起动。

串接在三相转子绕组中的起动电阻一般都接成星形。起动前,起动电阻全部接入,起动过程中将电阻依次短接;起动结束时,转子电阻全部被短接。短接起动电阻的方式有三相电阻不平衡短接法和三相电阻平衡短接法两种。不平衡短接是指每相的各级起动电阻轮流被短接,而平衡短接是三相的各级起动电阻同时被短接。这里仅介绍用接触器控制的平衡短接法起动控制电路。

图 4-3 所示为转子绕组串入三级起动电阻按时间原则控制的起动电路。图中 KM_1 为线路接触器,KM_2、KM_3、KM_4 为短接各级起动电阻的接触器,KT_1、KT_2、KT_3 为起动时间继电器。电路的工作原理是:合上电源开关 QS,按下起动按钮 SB_2,KM_1 线圈得电并自锁,电动机转子接入三段电阻起动;同时 KT_1 线圈得电,开始计时,当 KT_1 延时时间到,其延时闭合的触点闭合,使 KM_2 线圈得电并自锁,KM_2 主触点闭合,短接电阻 R_3;KM_2 的常开触点闭合,使 KT_2 线圈得电,开始计时,当 KT_2 延时时间到,其延时闭合的触点闭合,使 KM_3 线圈得电并自锁,KM_3 主触点闭合,短接电阻 R_2;KM_3 的常开触点闭合,使 KT_3 线圈得电,开始计时,KT_3 延时时间到,其延时闭合的触点闭合,使 KM_4 线圈

得电并自锁，KM_4 主触点闭合，短接电阻 R_1，电动机起动过程结束。要注意的是，电路中只有 KM_1、KM_4 长期通电，而 KT_1、KT_2、KT_3、KM_2、KM_3 线圈的通电时间均被压缩到最低限度。这样做一方面节省了电能，延长了元器件的寿命，更为重要的是减少了电路故障，保证电路安全可靠地工作。但是该电路也存在一旦时间继电器损坏，电路将无法实现电动机正常起动和运行等问题。另外，在电动机的起动过程中，采用逐段短接电阻，也会使电流及转矩突然增大，产生较大的机械冲击。

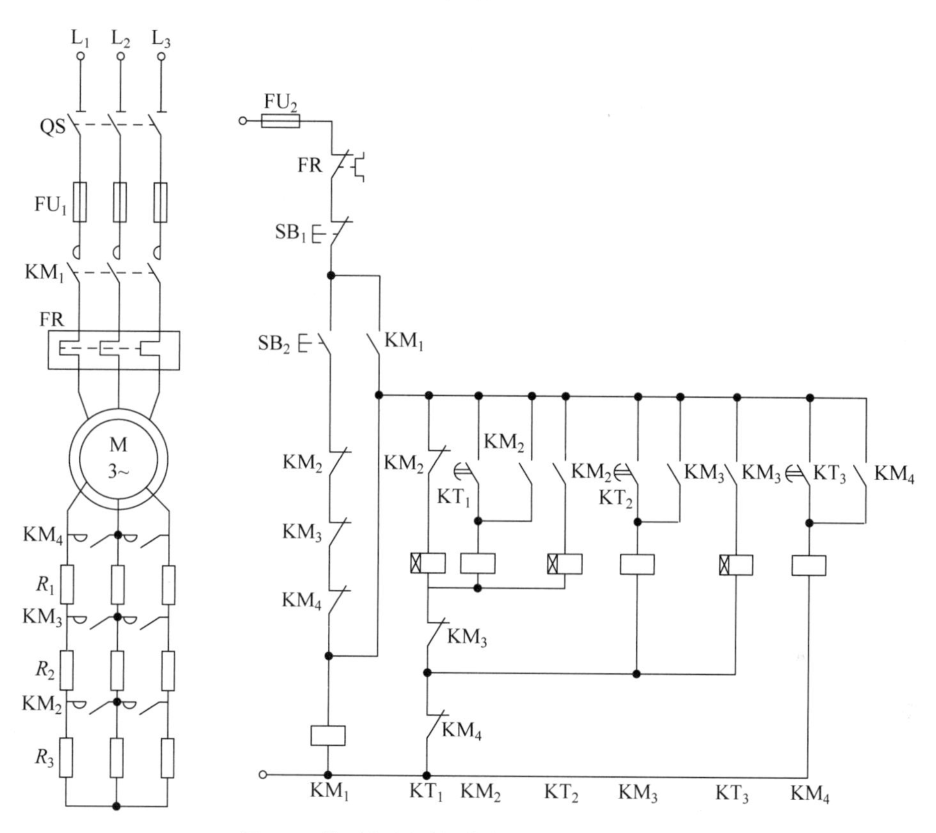

图 4-3　按时间原则短接起动电阻的控制电路

图 4-4 所示为转子绕组按电流原则短接起动电阻的控制电路。它利用电动机转子电流在起动过程中由大变小的变化来控制电阻的切除。KI_1、KI_2、KI_3 为欠电流继电器，其线圈串接在电动机转子电路中。它们的吸合电流相同，释放电流不同。其中 KI_1 的释放电流最大，KI_2 次之，KI_3 最小。

电路的工作原理是：按下起动按钮 SB_2，KM_1 线圈得电动作，电动机接通电源，刚起动时起动电流大，KI_1、KI_2、KI_3 同时吸合动作，它们的常闭触点全部断开，使接触器 KM_2、KM_3、KM_4 线圈全部处于断电状态，转子起动电阻全部接入。当电动机转速升高，转子电流减小后，KI_1 首先释放，其常闭触点恢复闭合，使接触器 KM_2 线圈通电，短接第一段转子电阻 R_3，这时转子电流又有所增加，起动转矩增大，转速升高，电流又逐渐下降，使得 KI_2 释放，其常闭触点恢复闭合使接触器 KM_3 线圈通电，短接第二段起动电阻 R_2。如此下去，直到将转子全部电阻短接，电动机起动过程结束。

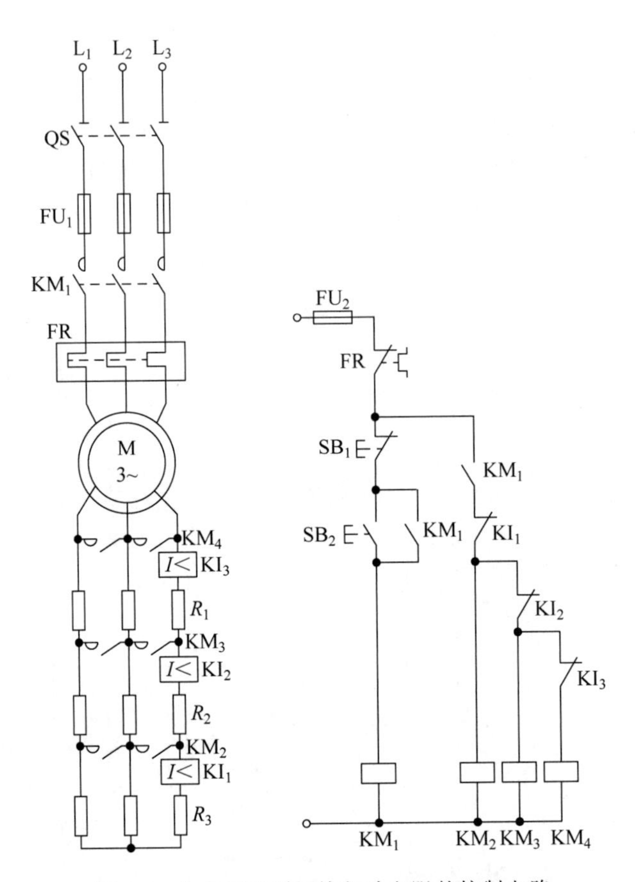

图 4-4　按电流原则短接起动电阻的控制电路

4.1.6　思考与练习

1. 选择题

(1) 三相异步电动机电气调速的方法有(　　)种。

A. 2　　B. 3　　C. 4　　D. 5

(2) 双速电动机高速运转时,定子绕组出线端的连接方式应为(　　)。

A. U_1、V_1、W_1 接三相电源,U_2、V_2、W_2 空着不接

B. U_2、V_2、W_2 接三相电源,U_1、V_1、W_1 空着不接

C. U_2、V_2、W_2 接三相电源,U_1、V_1、W_1 并接在一起

D. U_1、V_1、W_1 接三相电源,U_2、V_2、W_2 并接在一起

(3) 按下按钮电动机起动,松开按钮电动机仍然运转,只有按下停止按钮,电动机才停止的控制称为(　　)控制。

A. 正反转　　B. 制动　　C. 自锁　　D. 点动

2. 判断题

(1) 万能转换开关本身带有各种保护。　　(　　)

(2) 绕线转子异步电动机转子电路中接入电阻调速,属于变转差率调速方法。　　(　　)

(3) 电动机采用制动措施的目的是为了停车平稳。　　(　　)

3. 设计题

(1) 某设备由一台双速电动机拖动,要求电动机必须先低速起动后,才能转换为高速运转,试设计其控制线路。

(2) 现有一台△/YY绕组电动机,试按下述要求设计控制线路:

① 用起动、停止两个按钮操作电动机的起动与停止。

② 先低速起动,延时 5s 后自动切换到高速。

4. 分析题

分析图 4-5 所示电路的工作过程。

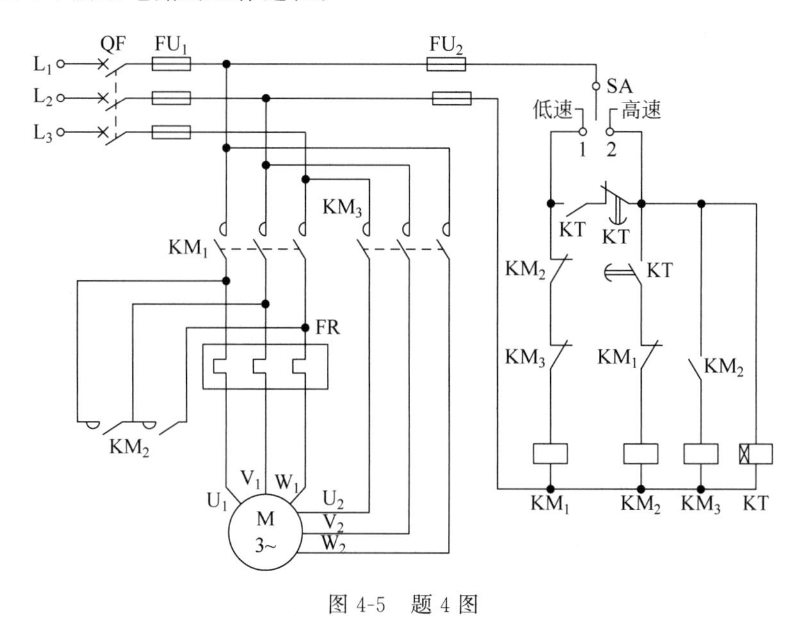

图 4-5　题 4 图

任务 4.2　三相异步电动机反接制动控制电路的安装接线

4.2.1　任务描述

三相异步电动机自脱离电源,由于惯性的作用,转子要经过一段时间才能完全停止旋转,不能达到某些生产机械工艺的要求,如对万能铣床、卧式镗床、组合机床等,会出现运动部件停位不准、工作不安全等现象,同时也影响生产效率。为此,应对电动机进行有效的制动,使之能迅速停车。

一般采取的制动方法有机械制动和电气制动两大类。机械制动是利用电磁抱闸等机械装置强迫电动机迅速停车;电气制动是使电动机工作在制动状态,电动机的电磁转矩方向与电动机的旋转方向相反,从而起到制动作用。电气制动控制电路包括反接制动和能耗制动。

反接制动有两种情况:①在负载转矩作用下,使电动机反转但电磁转矩方向为正的倒拉反接制动,如起重机下放重物的情况;②电源反接制动,即改变电动机电源的相序,使定子绕组产生反向的旋转磁场,从而产生制动转矩,从而使电动机转子迅速降速。这里介绍第②种情况。

在使用这种电源反接制动方法时,为防止转子降速后反向起动,当电动机转速接近于零时应迅速切断电源。另外,转子与突然反向的旋转磁场的相对速度接近于同步转速的两倍,所以定子绕组中流过的反接制动电流相当于全电压直接起动时电流的两倍。为了减小冲击电流,通常在电动机主电路中串接电阻来限制反接制动电流,该电阻称为反接制动电阻。反接制动电阻的接线方法有对称和不对称两种。采用对称接法可以在限制制动转矩的同时,也限制制动电流;而采用不对称的接法,只是限制了制动转矩,未加制动电阻的那一相,仍有较大的电流。反接制动的特点是制动迅速、效果好、冲击大,通常仅适用于10kW以下的小功率电动机。

4.2.2 任务目标

(1) 熟悉三相异步电动机反接制动的工作原理。

(2) 理解速度继电器的构造和工作原理。

(3) 能够根据单向反接自动控制电路的电气原理图绘制其电气安装接线图,并能按电气接线工艺要求完成电路的安装接线。

(4) 能够正确使用仪表进行测试检查,判断电路安装的正确性,并能修正装接的错误。根据安全操作规程正确通电试验。

4.2.3 知识链接

1. 速度继电器

速度继电器是一种能够根据电动机转速的高低接通或断开控制电路的电器,其主要作用是与接触器配合使用实现对电动机的反接制动控制,故又称为反接制动继电器。图4-6所示为速度继电器实物图,图4-7所示为速度继电器的结构。它主要由转子、定子和触点系统三部分组成。转子是一个圆柱形永久磁铁,能绕轴转动,且与被控电动机同轴。定子是一个笼型空心圆环,由硅钢片叠成,并装有笼型绕组。触点系统由两组变换触点构成,分别在转子正转和反转时动作。

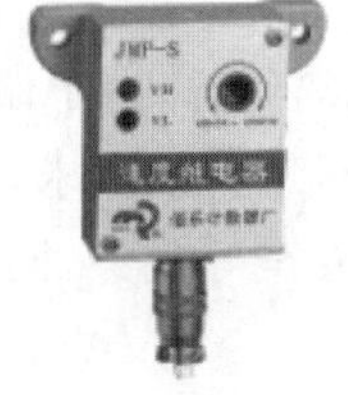
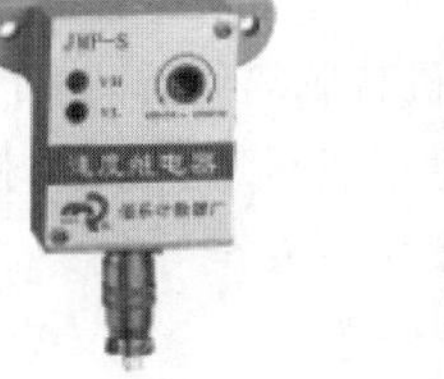
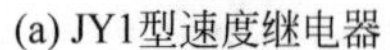

(a) JY1型速度继电器 (b) DSK-F型电子速度继电器 (c) JMP-S型速度继电器 (d) SR型智能速度继电器

图4-6 速度继电器实物图

当电动机转动时,速度继电器的转子(永久磁铁)也随之转动,定子内的短路导体切割磁场,产生感应电动势,从而产生感应电流,此电流与旋转的转子磁场相互作用产生电磁转矩,使定子随转子转动的方向发生偏转,偏转角度与电动机的转速成正比。当定子偏转

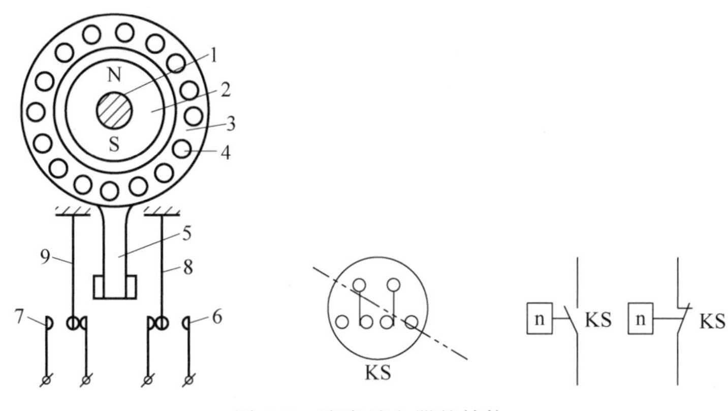

图 4-7　速度继电器的结构

1—转轴；2—转子；3—定子；4—绕组；5—胶木摆杆；6、7—动触点；8、9—静触点

到一定角度时，带动胶木摆杆推进簧片动作，使常闭触点断开，常开触点闭合。当电动机转速低于某一值时，定子产生的转矩减小，触点在簧片作用下复位。

通过调节簧片的弹力，可使速度继电器在不同转速时切换触点，改变通断状态。

速度继电器转速一般在不低于 120r/min 范围内触点动作，当转速低于 100r/min 时，触点复位，该数值可以人为调节。速度继电器工作时，允许的最高转速可达 1000～3600r/min。转速在 3000～3600r/min 时，可连续、可靠地工作。速度继电器的常见故障及处理方法见表 4-4。

表 4-4　速度继电器常见故障及处理方法

故障现象	可能原因	处理方法
反接制动时速度继电器失效，电动机无法制动	胶木摆杆断裂	更换胶木摆杆
	触头接触不良	清洗触头表面油污
	弹性动触片断裂或失去弹性	更换弹性动触片
	笼型绕组开路	更换笼型绕组
电动机无法正常制动	速度继电器的弹性动触片调整不妥	重新调节调整螺钉： (1) 将调整螺钉向下旋，弹性动触片弹性增大，速度较高时继电器才动作； (2) 将调整螺钉向上旋，弹性动触片弹性减小，速度较低时继电器才动作

2. 单向反接制动控制

反接制动的关键是改变电动机电源的相序，并且在转速下降接近于零时，能自动将电源切除，以避免引起反向起动。

图 4-8 所示为电动机单向运转的反接制动控制电路。起动时，按下起动按钮 SB_2，接触器 KM_1 得电并自锁，电动机全压起动。在电动机正常运转时，速度继电器 KS 的常开触点闭合，为反接制动做好准备。停车时，按下停止按钮 SB_1，接触器 KM_1 线圈断电，电动机脱离电源，由于惯性，此时电动机的转速还很高，KS 的常开触点依然闭合，SB_1 常开触点闭合，反接制动接触器 KM_2 线圈得电并自锁，KM_2 主触点闭合，电动机定子绕组接

入与正常运转相序相反的三相交流电源，进入反接制动状态，转速迅速下降。当电动机转速接近于0时(转速小于100r/min)，速度继电器常开触点复位，接触器 KM_2 线圈断电，其主触点断开，电动机断电，反接制动结束。

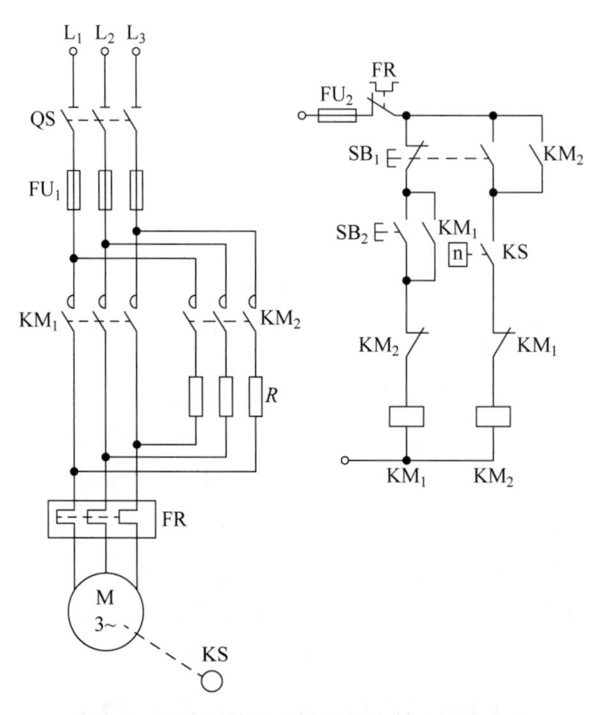

图4-8 电动机单向运转的反接制动控制电路

3. 可逆运行反接制动控制电路

图4-9所示为电动机可逆运行的反接制动的控制电路。按正转起动按钮 SB_2，正转接触器 KM_1 闭合，电动机接入正向三相交流电源开始运转，速度继电器KS动作，其正转的常闭触点KS-1断开，常开触点KS-1闭合。由于 KM_1 的常闭辅助触点比正转的KS-1常开触点动作时间早，所以正转的KS-1的常开触点仅为 KM_2 线圈的通电做准备，不能使 KM_2 线圈立即通电。按下停止按钮 SB_1 时，KM_1 线圈断电，KM_1 的常闭触点闭合，反转接触器 KM_2 线圈通电，定子绕组接到相序相反的三相交流电源，电动机进入正向反接制动。由于速度继电器的常闭触点KS-1已断开，此时反转接触器 KM_2 线圈不能依靠其自锁触点自锁。当电动机转速接近于零时，正转常开触点KS-1断开，KM_2 线圈断电，正向反接制动过程结束。电动机的反向运转反接制动请读者自行分析。该电路的缺点是主电路未设置限流电阻，冲击电流较大。

图4-10所示为电动机带有制动电阻的可逆运行反接制动控制电路。图中电阻 R 是反接制动电阻，同时也有限制起动电流的作用。合上电源开关QS，按下正转起动按钮 SB_2，中间继电器 KA_3 线圈得电并自锁，KA_3 的常闭触点断开中间继电器 KA_4 线圈电路，起互锁作用。KA_3 常开触点闭合，使接触器 KM_1 线圈通电，KM_1 的主触点闭合，定子绕组经电阻 R 接通正向三相电源，电动机定子绕组串电阻降压起动。此时中间继电器 KA_1 线圈电路中 KM_1 常开辅助触点已闭合，由于速度继电器KS的正转常开触点KS-1

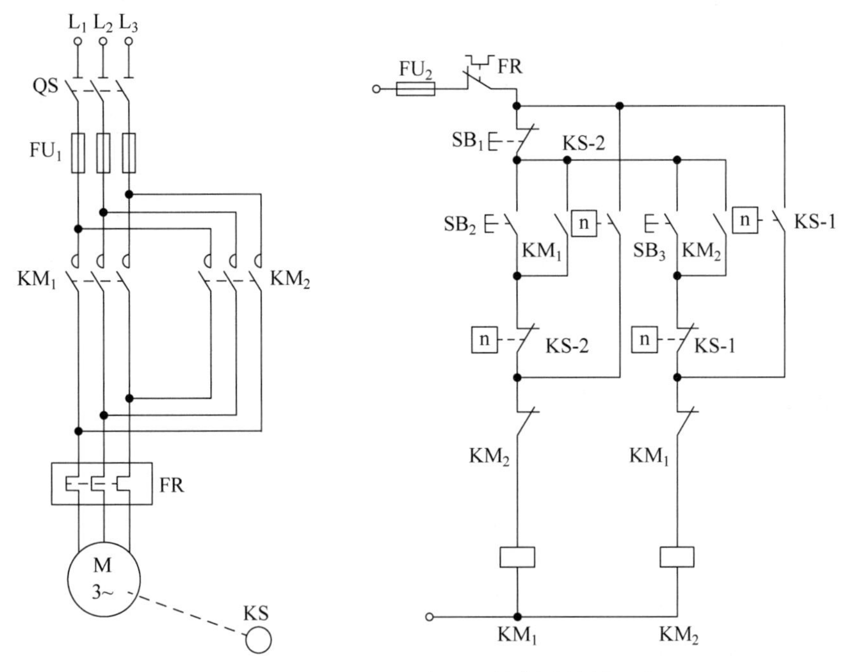

图 4-9　电动机可逆运行的反接制动控制电路

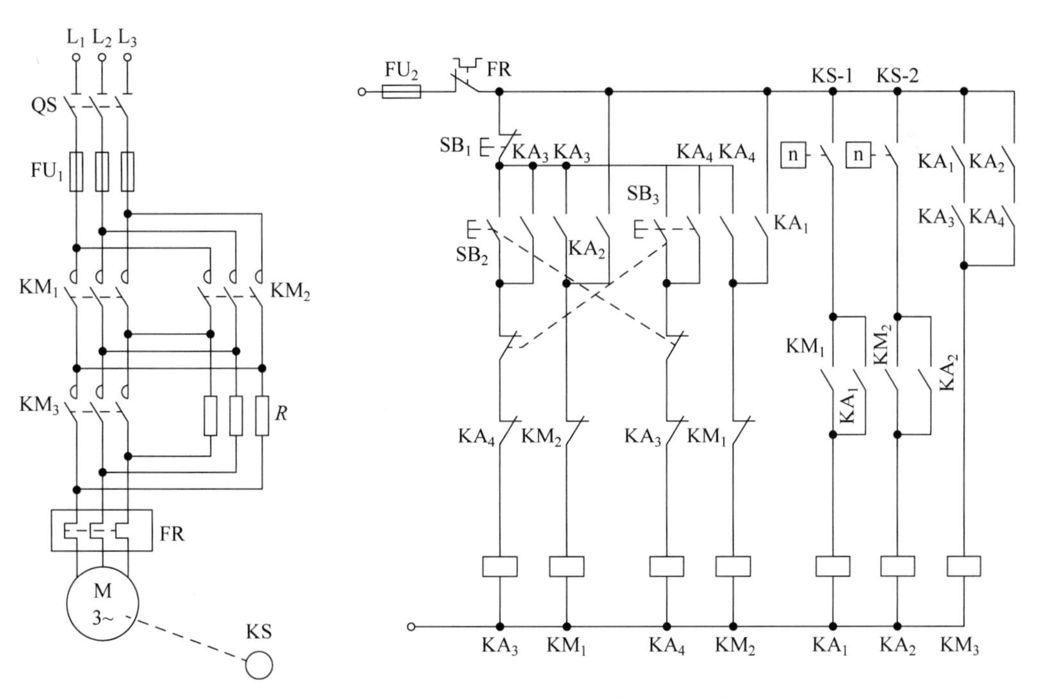

图 4-10　电动机带有制动电阻的可逆运行反接制动控制电路

尚未闭合，KA_1 线圈仍无法通电。当电动机转速上升到一定值时，KS 的正转常开触点 KS-1 闭合，中间继电器 KA_1 得电并自锁，这时 KA_1、KA_3 中间继电器的常开触点全部闭合，接触器 KM_3 线圈得电，KM_3 主触点闭合，短接电阻 R，定子绕组得到额定电压，电动机转速上升到额定工作转速，电动机的起动过程结束。在电动机正常运行的过程中，若按下停止按钮 SB_1，则 KA_3、KM_1、KM_3 线圈断电。但此时电动机转速仍然很高，速度继电器 KS 的正转常开触点 KS-1 还处于闭合状态，中间继电器 KA_1 线圈仍得电，所以接触器 KM_1 常闭触点复位后，接触器 KM_2 线圈得电，KM_2 常开主触点闭合，使定子绕组经电阻 R 获得反序的三相交流电源，电动机进行反接制动。转子速度迅速下降，当其转速小于 100r/min 时，KS 的正转常开触点 KS-1 复位，KA_1 线圈断电，接触器 KM_2 线圈断电，KM_2 主触点断开，反接制动过程结束。

4.2.4 任务实施

1. 考核内容

(1) 在规定时间内按工艺要求完成三相异步电动机单向反接制动控制电路(图 4-8)的安装接线，且通电试验成功。

(2) 安装工艺应达到基本要求，线头长短应适当且接触良好。

(3) 遵守安全规程，做到文明生产。

2. 考核要求及评分标准

考核要求及评分标准见表 4-5。

1) 安装接线(30 分，扣完为止)

表 4-5 安装接线评分标准

项目内容	要 求	评分标准	扣分
连接线端	对于螺栓式接点，在导线连接时，应打羊眼圈，并按顺时针旋转；对于瓦片式接点，在导线连接时，直线插入接点固定即可	每处错误扣 2 分	
	严禁损伤线芯和导线绝缘层，接点上不能露铜丝太长	每处错误扣 2 分	
	每个接线端子上连接的导线根数一般以不超过两根为宜，并保证接线牢固	每处错误扣 2 分	
线路工艺	走线合理，做到横平竖直、布线整齐，各接点不能松动	每处错误扣 1 分	
	导线出线应留有一定的裕量，并做到长度一致	每处错误扣 1 分	
	导线变换走向要弯成直角，并做到高低一致或前后一致	每处错误扣 1 分	
	避免交叉线、架空线、绕线或叠线	每处错误扣 2 分	
整体布局	板面线路应合理汇集成线束	每处错误扣 1 分	
	进出线应合理汇集在端子排上	每处错误扣 1 分	
	整体走线应合理美观	酌情扣分	

2）不通电测试(30 分,每错一处扣 5 分,扣完为止)

(1) 测试主电路。

电源线 L_1、L_2、L_3 先不通电,闭合电源开关 QS,压下接触器 KM_1 的衔铁,使 KM_1 的主触点闭合。使用万用表的欧姆挡测量从电源端到电动机出线端子上的每一相电路的电阻,将电阻值填入表 4-6。

(2) 测试控制电路。

① 按下按钮 SB_2,测量控制电路两端的电阻,将电阻值填入表 4-6。

② 压下接触器 KM_1 的衔铁,测量控制电路两端的电阻,将电阻值填入表 4-6。

③ 用导线短接速度继电器 KS 的常开触点后,按下按钮 SB_1,测量控制电路两端的电阻,将电阻值填入表 4-6。

表 4-6　单向反接制动控制电路的不通电测试记录

测量目标	主　电　路			控制电路两端(V_{12}—W_{12})		
操作步骤	闭合 QS,压下 KM_1 的衔铁			按下 SB_2	压下 KM_1 的衔铁	短接 KS 常开触点后,按下 SB_1
电阻值/Ω	L_1 相	L_2 相	L_3 相			

3）通电测试(40 分)

在使用万用表检测后,把 L_1、L_2、L_3 三端接上电源,闭合 QS 通电试验。按照顺序测试电路的各项功能,每错一项扣 10 分,扣完为止。如出现功能不对的项目,则后面的功能均算错。将测试结果填入表 4-7。

表 4-7　单向反接制动控制电路的通电测试记录

元器件	操　　作		
	闭合 QS	按下 SB_2	按下 SB_1
KM_1 线圈			
KM_2 线圈			

4.2.5　拓展知识:绕线式异步电动机的电磁抱闸控制电路

1. 电磁抱闸

机械制动是利用机械装置使电动机迅速停转。常用的机械制动装置有电磁抱闸和电磁离合器,两者的制动原理类似,控制线路也基本相同。下面仅介绍电磁抱闸,电磁抱闸的结构如图 4-11 所示。

电磁抱闸主要由电磁铁和闸瓦制动器两部分组成。制动电磁铁由铁心、衔铁和线圈三部分组成,有单相和三相之分。闸瓦制动器由闸轮、闸瓦、杠杆与弹簧等部分组成,闸轮与电动机装在同一根转轴上,制动强度可通过调整机械机构来改变。电磁抱闸可分为断电制动型和通电制动型两种类型。如果弹簧选用拉簧,则闸瓦平时处于“松开”状态,称为通电型电磁抱闸;如果弹簧选用压簧,则闸瓦平时处于“抱住”状态,称为断电型电

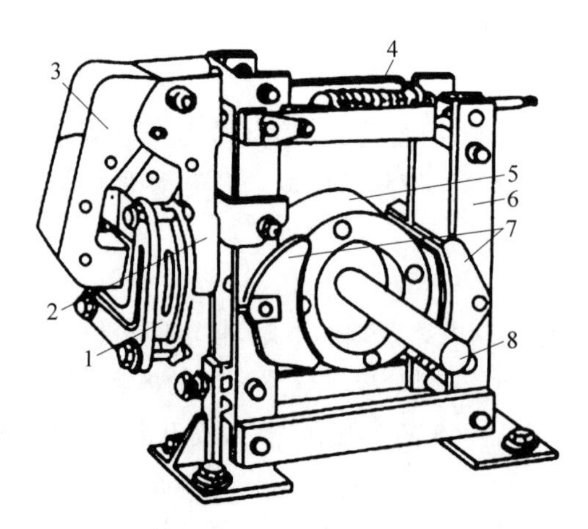

图 4-11 电磁抱闸的结构

1—线圈；2—铁心；3—衔铁；4—弹簧；5—闸轮；6—杠杆；7—闸瓦；8—轴

磁抱闸。

图 4-12 所示为断电型电磁抱闸制动控制电路。电路工作原理：合上电源开关 QS，接通控制电路电源，起动电动机时，按下起动按钮，接触器线圈通电，其常开主触点闭合，使电磁铁线圈通电，制动闸松开制动轮。与此同时，接触器线圈通电并自锁，电动机起动运行。停车时，按下停止按钮，接触器线圈同时断电释放，接着线圈断电，电动机脱离三相交流电源，同时电磁抱闸在弹簧作用下，制动闸瓦将制动轮紧紧抱住，电动机迅速停转。

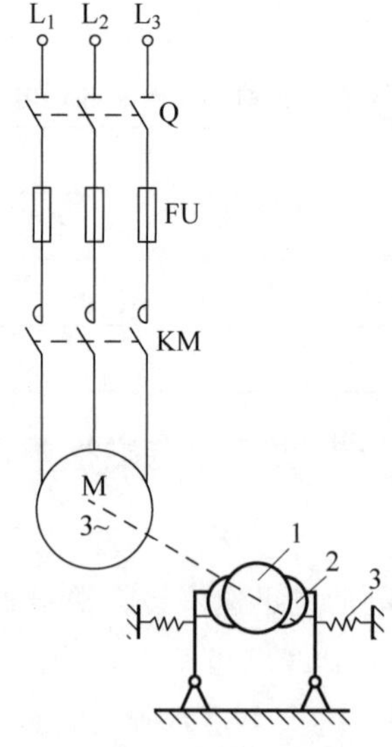

图 4-12 电磁抱闸制动电路原理图

1—线圈；2—铁心；3—衔铁

电磁抱闸是一种应用广泛的机械制动装置，它具有较大的制动力，能准确及时地使被控制的对象停止运动，常被应用在起重设备上。

2. 电磁抱闸制动控制电路

1）断电制动型电磁抱闸制动控制电路

断电制动型电磁抱闸制动控制电路如图 4-13 所示。

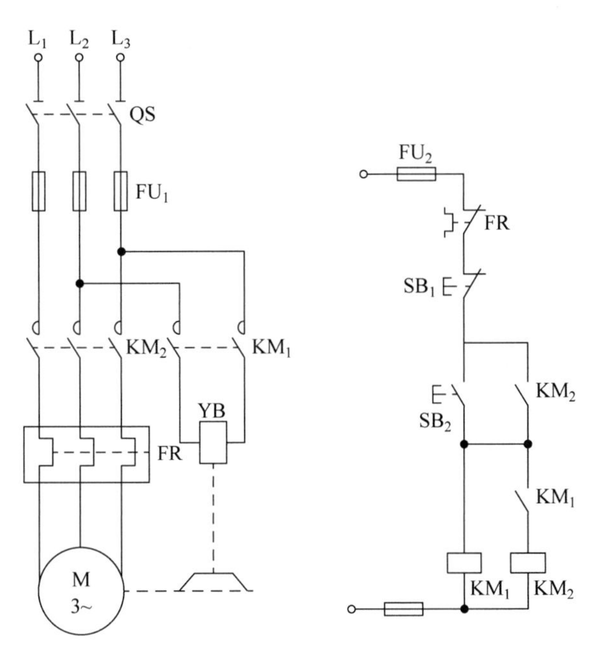

图 4-13　断电制动型电磁抱闸制动控制电路

这种控制线路是在电源切断时才起控制作用，在起重机械上广泛采用。其优点是能够准确定位，同时可防止电动机突然断电时重物自行坠落。但由于电磁抱闸制动器线圈耗电时间与电动机运行时间一样长，所以不够经济。另外，由于电磁抱闸制动器在切断电源后具有制动作用，导致手动调整工作非常困难。

2）通电制动型电磁抱闸制动控制电路

通电制动型电磁抱闸制动控制电路如图 4-14 所示。

合上电源开关 QS，接通控制电路电源，线圈 KM_2 处于断电状态，使电磁铁线圈也始终处于断电状态，抱闸与闸轮之间处于松开状态。起动电动机时，按下起动按钮 SB_2，接触器线圈 KM_1 通电，其常开主触点闭合，接触器 KM_1 线圈通电并自锁，电动机起动运行。停车时，按下停止按钮 SB_1，接触器 KM_1 线圈断电，其所控制的常开触点断开，与此同时，接触器 KM_2 线圈得电，其所控制的常开触点闭合，使电磁铁线圈通电，实现制动。

这种制动方法的优点有：①当电动机处于停转状态时，电磁抱闸制动器的线圈不通电，闸瓦与闸轮分开，方便操作人员扳动主轴进行工件调整、对刀等操作；②只有将停止按钮 SB_1 按到底，接通 KM_2 线圈电路时才有制动作用，如只要停车而不需要制动时，可不必将 SB_1 按到底。这样就可以根据实际需要掌握制动与否，从而延长电磁抱闸的寿命。

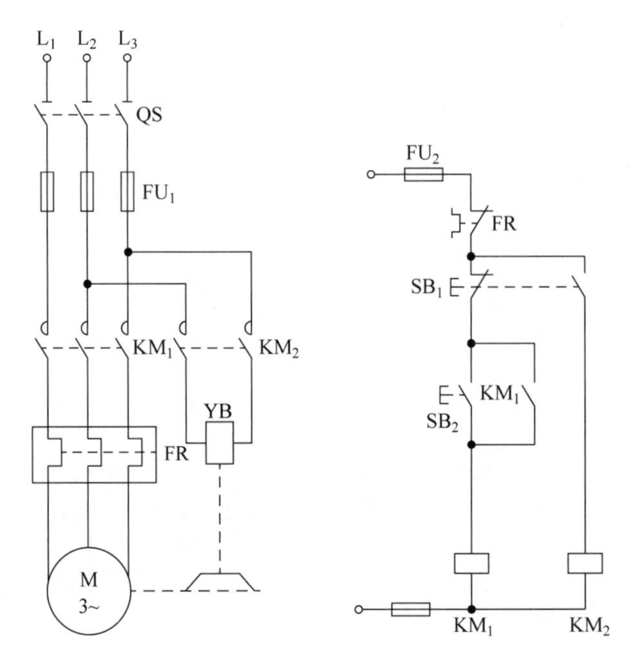

图 4-14　通电制动型电磁抱闸制动控制电路

4.2.6　思考与练习

1. 选择题

(1) 三相异步电动机的反接制动是指制动时向三相异步电动机定子绕组中通入(　　)。

A. 三相交流电　　B. 单相交流电　　C. 直流电　　D. 负序三相交流电

(2) 三相交流异步电动机采用反接制动,切断电源后,应将电动机(　　)。

A. 转子回路串电阻　　B. 定子绕组两相绕组反接

C. 转子绕组进行反接　　D. 定子绕组送入直流电

(3) 反接制动时,旋转磁场反向,与电动机转动方向(　　)。

A. 相反　　B. 相同　　C. 不变

(4) 速度继电器一般用于(　　)。

A. 三相异步电动机的正反转控制　　B. 三相异步电动机的多地控制

C. 三相异步电动机的反接制动控制　　D. 三相异步电动机的能耗制动控制

(5) 起重机中所用的电磁抱闸制动器,其工作情况为(　　)。

A. 通电时电磁抱闸将电动机抱住

B. 断电时电磁抱闸将电动机抱住

C. 上述两种情况都不是

2. 判断题

(1) 速度继电器的触点状态决定于其线圈是否得电。(　　)

(2) 电动机采用制动措施是为了平稳停止。(　　)

(3) 在反接制动控制电路中,必须以时间为变化量进行控制。 (　　)

(4) 反接制动时,由于制动电流较大,对电动机产生的冲击较大,因此应在定子回路中串入限流电阻,而且仅适用于小功率异步电动机的制动。 (　　)

(5) 电磁抱闸是起重机常用的电气制动方法。 (　　)

3. 问答题

(1) 在图 4-8 所示的三相异步电动机单向反接制动控制电路中,若速度继电器常开触点错接成常闭触点将发生什么现象? 为什么?

(2) 怎样才能用时间继电器实现电动机单向反接制动控制? 画出其电气原理图。

(3) 简述三相异步电动机反接制动的定义、特点和适用场合。

(4) 三相笼型异步电动机反接制动控制电路如图 4-15 所示。

① 若要实现反接制动,请将图中主电路的连线补充完整并标注控制电路中的互锁触点 KM_1、KM_2。

② 图中 FR 的作用是(　　　　);FU_2 的作用是(　　　　)。

③ 写出电路的工作过程。

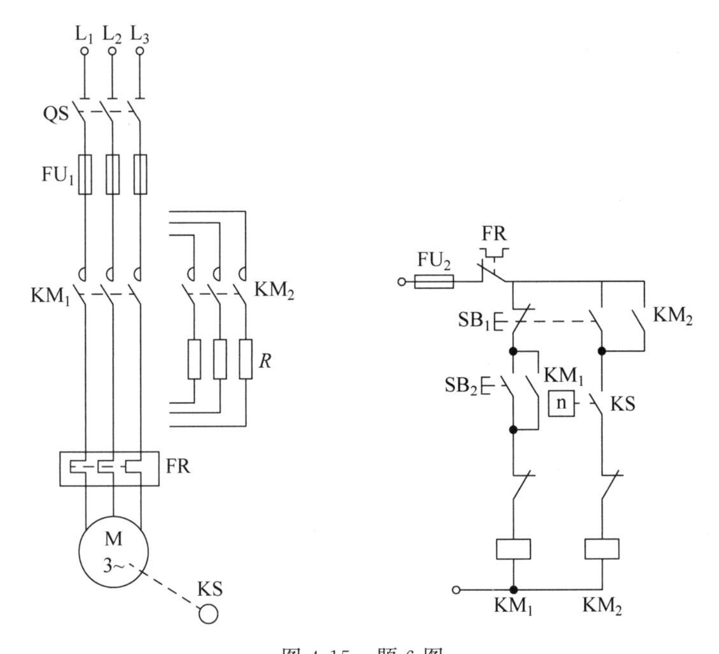

图 4-15　题 6 图

任务 4.3　三相异步电动机能耗制动控制电路的安装接线

4.3.1　任务描述

能耗制动是指在电动机脱离三相交流电源之后,迅速在定子绕组上加一个直流电压,利用转子感应电流与静止磁场的作用达到制动的目的。图 4-16 所示为三相异步电动机的能耗制动电路原理图。

本任务要求识读三相异步电动机能耗制动控制电路，并掌握其工作原理，根据单相半波整流电路能耗制动控制电路的电气原理图绘制其电气安装接线图，并能完成电路的安装接线及通电调试。

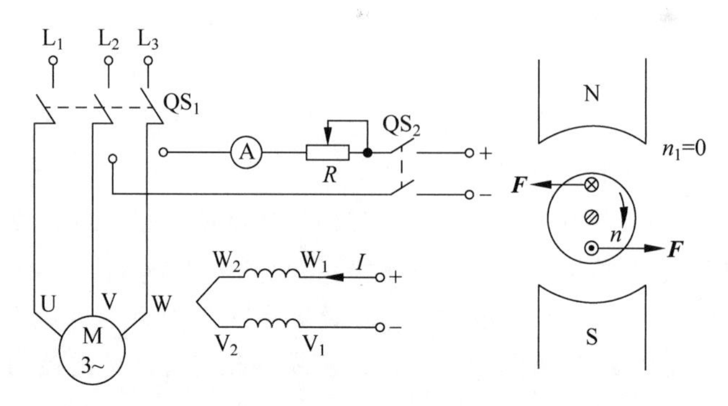

图 4-16　三相异步电动机能耗制动控制电路原理图

4.3.2　任务目标

（1）会分析三相异步电动机能耗制动控制电路的工作原理。

（2）能够根据单相半波整流能耗制动控制电路的电气原理图绘制其电气安装接线图，按电气接线工艺要求完成电路的安装接线。

（3）能够对安装完成的电路进行检测和通电试验，会用万用表检测电路和排除常见的电气故障。

4.3.3　知识链接

1. 能耗制动原理和实现要求

1）能耗制动原理

设电动机处于电动运行状态，转速为 n，制动时断开开关 QS_1，将电动机从电网中断开，同时闭合开关 QS_2，电动机即进入能耗制动状态。

能耗制动时直流电流流过定子绕组，于是定子绕组产生一个恒定磁场，转子因惯性继续旋转并切割该恒定磁场，转子导体中随之产生感应电动势及感应电流。由图 4-16 可以判定，转子感应电流与恒定磁场作用产生的电磁转矩与电动机转向相反，为制动转矩，因此转速迅速下降，当转速下降至零时，转子感应电动势和感应电流均为零，制动结束。制动期间，转子的动能转变为电能消耗在转子回路的电阻上，所以称为能耗制动。

2）能耗制动所需的直流电压

对于三相异步电动机而言，增大制动转矩只能靠增大通入电动机的直流电流来实现，而通入电动机的直流电流如果过大，将会烧坏定子绕组。能耗制动所需的直流电压和直流电流通常可按下面的经验公式进行计算，即

$$I_{DC}=(3\sim5)I_0$$

或

$$I_{DC}=1.5I_N$$

$$U_{DC}=I_{DC}R$$

式中，I_{DC} 为能耗制动时所需的直流电流(A)；I_N 为电动机的额定电流(A)；I_0 为电动机空载时的线电流(A)，一般取 $I_0=(0.3\sim0.4)I_N$；U_{DC} 为能耗制动时所需的直流电压(V)；R 为电动机的冷态电阻(Ω)。

3）直流电压的切除方法

当电动机转速降至零时，其转子导体与磁场之间无相对运动，转子内的感应电流消失，制动转矩变为零，电动机停转。制动结束后须将直流电源切除。根据直流电压被切除的方法，有采用时间继电器控制的能耗制动和采用速度继电器控制的能耗制动这两种形式。

按时间原则控制的能耗制动可使时间继电器的调整值比较固定。一般适用于负载转矩和负载转速较为稳定的电动机。

按速度原则控制的能耗制动适用于可以通过传动系统实现负载速度变换的生产机械。能耗制动的特点是制动平衡，但须附加直流电源装置，故设备费用较高，制动力矩较小，特别是低速阶段，制动转矩会更小。能耗制动一般只适用于制动要求平稳准确的场合，如磨床、立式铣床等设备的控制电路中。

2. 单相全波整流能耗制动控制电路

图 4-17 所示为按时间原则控制的单相全波整流能耗制动控制电路。电动机正常运行时，若按下停止按钮 SB_1，KM_1 线圈断电，其主触点断开，切断电动机的三相交流电源，

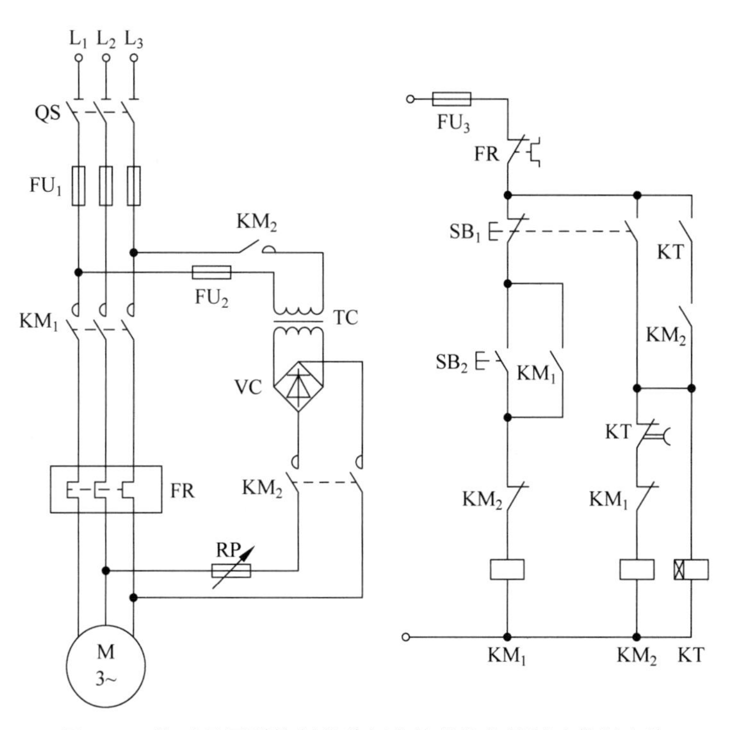

图 4-17　按时间原则控制的单相全波整流能耗制动控制电路

同时时间继电器 KT 线圈得电，接触器 KM_2 线圈得电并自锁，KM_2 主触点闭合，直流电源加入定子绕组，电动机进行能耗制动。当电动机转子的惯性速度接近零时，时间继电器延时断开的常闭触点 KT 断开接触器 KM_2 线圈电路，KM_2 线圈断电，其主触点断开，直流电源被切除，同时 KM_2 常开辅助触点复位，时间继电器 KT 线圈断电，电动机能耗制动结束。

图 4-17 中，设置 KT 的瞬时常开触点的作用是：KT 线圈断电或其他机械等故障时，电动机在按下停止按钮 SB_1 后能迅速制动，保证定子绕组不长期接入能耗制动的直流电流。该电路具有手动能耗制动的功能，只要按下停止按钮 SB_1，电动机就能实现能耗制动。

3. 单相半波整流能耗制动控制电路

对于 10kW 以下电动机，在制动要求不高时，可采用无变压器单管整流的能耗制动。单相半波整流能耗制动控制电路如图 4-18 所示。

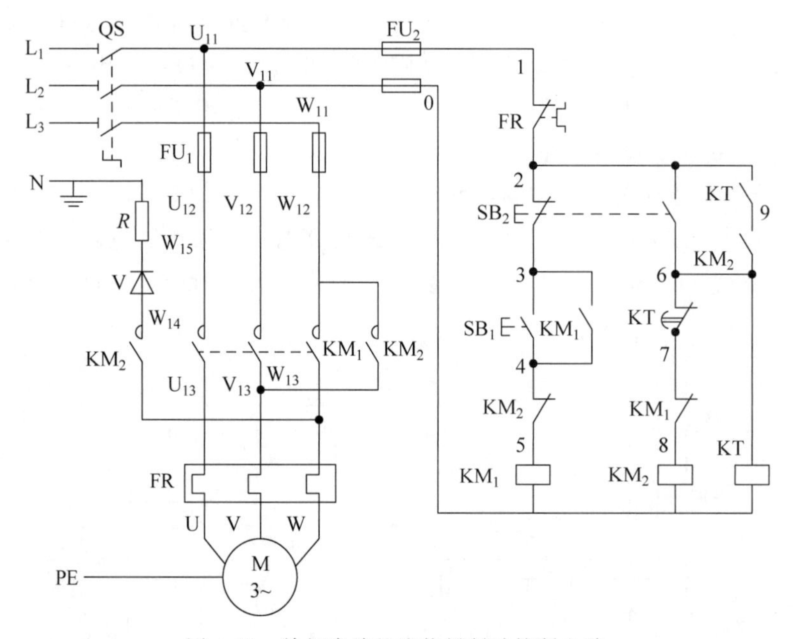

图 4-18 单相半波整流能耗制动控制电路

图 4-18 中，KM_1 为线路接触器，KM_2 为制动接触器，KT 为能耗制动时间继电器。该电路整流电源电压为 220V，由主触点接至电动机定子绕组，经整流二极管接至电源中性线构成闭合电路。制动时电动机相由主触点短接，因此只有单方向制动转矩。

与图 4-18 相似，电路中采用 KM_1 和 KM_2 两只接触器，当 KM_1 主触点闭合时，电动机接通三相交流电源起动运行；当 KM_2 主触点闭合时，电动机接通直流电源实现能耗制动。

在控制电路中，利用 KM_1 和 KM_2 的常闭触头互串在对方线圈回路中，起到电气互锁的作用，以避免两个接触器同时得电造成主电路电源短路。通过时间继电器 KT 控制 KM_2 线圈得电的时间，控制电动机通入直流电源进行能耗制动的时间。

4.3.4　任务实施

1. 考核内容

(1) 在规定时间内按工艺要求完成半波整流能耗制动控制电路(图 4-18)的安装接线,且通电试验成功。

(2) 安装工艺应达到基本要求,线头长短应适当且接触良好。

(3) 遵守安全规程,做到文明生产。

2. 考核要求及评分标准

考核要求及评分标准见表 4-8。

1) 安装接线(30 分,扣完为止)

表 4-8　安装接线评分标准

项目内容	要　求	评 分 标 准	扣分
连接线端	对于螺栓式接点,在导线连接时,应打羊眼圈,并按顺时针旋转;对于瓦片式接点,在导线连接时,直线插入接点固定即可	每处错误扣 2 分	
	严禁损伤线芯和导线绝缘层,接点上不能露铜丝太长	每处错误扣 2 分	
	每个接线端子上连接的导线根数一般以不超过两根为宜,并保证接线牢固	每处错误扣 1 分	
线路工艺	走线合理,做到横平竖直、布线整齐,各接点不能松动	每处错误扣 1 分	
	导线出线应留有一定的裕量,并做到长度一致	每处错误扣 1 分	
	导线变换走向要弯成直角,并做到高低一致或前后一致	每处错误扣 2 分	
	避免交叉线、架空线、绕线或叠线	每处错误扣 2 分	
整体布局	板面线路应合理汇集成线束	每处错误扣 1 分	
	进出线应合理汇集在端子排上	每处错误扣 1 分	
	整体走线应合理美观	酌情扣分	

2) 不通电测试(30 分,每错一处扣 5 分,扣完为止)

(1) 测试主电路。电源线 L_1、L_2、L_3 先不通电,闭合电源开关 QS,压下接触器 KM_1 的衔铁,使 KM_1 的主触点闭合。使用万用表的欧姆挡测量从电源端到电动机出线端子上的每一相电路的电阻,将电阻值填入表 4-9。

(2) 测试控制电路。具体步骤如下。

① 按下 SB_2,测量控制电路两端的电阻,将电阻值填入表 4-9。

② 压下接触器 KM_1 的衔铁,测量控制电路两端的电阻,将电阻值填入表 4-9。

③ 用导线短接速度继电器 KS 的常开触点后,按下按钮 SB_1,测量控制电路两端的电阻,将电阻值填入表 4-9。

表 4-9 半波整流能耗制动控制电路的不通电测试记录

<table>
<tr><td>测量目标</td><td colspan="3">主　电　路</td><td colspan="3">控制电路两端(V_{12}—W_{12})</td></tr>
<tr><td>操作步骤</td><td colspan="3">闭合 QS,压下 KM_1 的衔铁</td><td>按下 SB_2</td><td>压下 KM_1 的衔铁</td><td>短接 KS 的常开触点后,按下 SB_1</td></tr>
<tr><td rowspan="2">电阻值/Ω</td><td>L_1 相</td><td>L_2 相</td><td>L_3 相</td><td rowspan="2"></td><td rowspan="2"></td><td rowspan="2"></td></tr>
<tr><td></td><td></td><td></td></tr>
</table>

3）通电测试(40 分)

在使用万用表检测后,把 L_1、L_2、L_3 三端接上电源,闭合 QS,通电试验。按照顺序测试电路的各项功能,每错一项扣 10 分,扣完为止。若出现功能不对的项目,则后面的功能均算错。将测试结果填入表 4-10。

表 4-10 半波整流能耗制动控制电路的通电测试记录

<table>
<tr><td rowspan="2">元器件</td><td colspan="3">操　　作</td></tr>
<tr><td>闭合 QS</td><td>按下 SB_2</td><td>按下 SB_1</td></tr>
<tr><td>KM_1 线圈</td><td></td><td></td><td></td></tr>
<tr><td>KM_2 线圈</td><td></td><td></td><td></td></tr>
</table>

4.3.5 拓展知识：按速度原则控制的能耗制动控制电路

图 4-19 所示为按速度原则控制的单相能耗制动控制电路。该电路与图 4-18 控制电路基本相同,只是在控制电路中用速度继电器 KS 的常开触点代替时间继电器 KT 延时

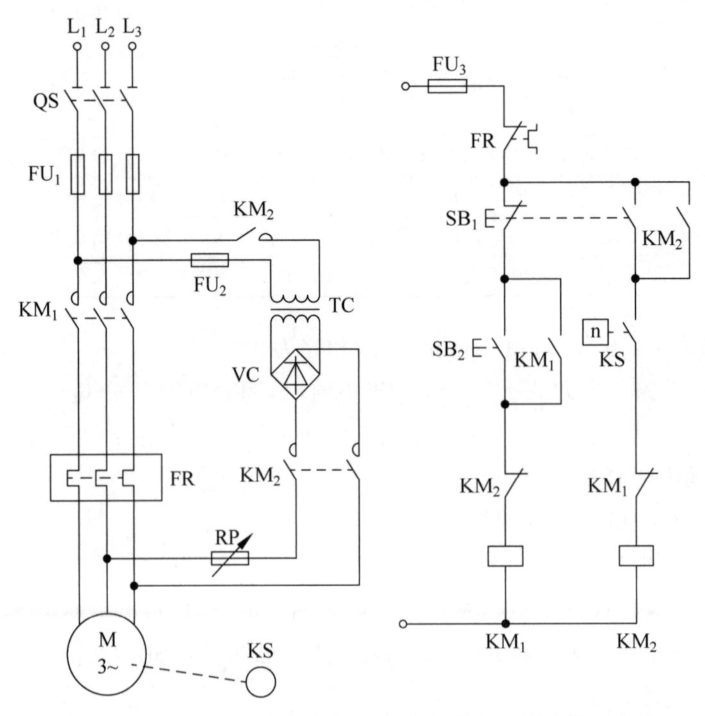

图 4-19 按速度原则控制的单相全波整流能耗制动控制电路

断开的常闭触点。

制动时，按下停止按钮 SB_1，KM_1 线圈断电，其主触点断开，断开电动机的三相交流电源。此时电动机转子的惯性速度仍然很高，速度继电器 KS 的常开触点仍然闭合，接触器 KM_2 线圈能够通过按下 SB_1 按钮实现通电并自锁，两相定子绕组通入直流电，电动机能耗制动。当电动机转子的惯性速度接近零时，KS 常开触点复位，接触器 KM_2 线圈断电，其主触点断开直流电源，能耗制动结束。

对于负载转矩较为稳定的电动机，能耗制动时采用时间原则控制为宜，因为此时对时间继电器的延时整定较为固定。而对于能够通过传动机构反映电动机转速时，采用速度原则控制较为合适，视具体情况而定。

4.3.6　思考与练习

1. 选择题

(1) 三相异步电动机的能耗制动方法是指制动时向三相异步电动机定子绕组中通入(　　)。

A. 单相交流电源　　B. 三相交流电源

C. 直流电源　　D. 负序三相交流电源

(2) 三相异步电动机采用能耗制动，切断电源后，应将电动机(　　)。

A. 转子回路串电阻　　B. 定子绕组两相绕组反接

C. 转子绕组进行反接　　D. 定子绕组通入直流电源

(3) 对于要求制动准确、平稳的场合，应采用(　　)制动。

A. 反接　　B. 能耗　　C. 电容　　D. 再生发电

(4) 能耗制动适用于三相异步电动机(　　)的场合。

A. 容量较大，制动频繁　　B. 容量较大，制动不频繁

C. 容量较小，制动频繁　　D. 容量较小，制动不频繁

(5) 在图 4-17 中，整流桥的直流输出电压平均值是交流输入电压有效值的(　　)倍。

A. 0.45　　B. 0.9　　C. $\sqrt{2}$　　D. $\sqrt{3}$

2. 判断题

(1) 能耗制动比反接制动消耗的能量小，制动平稳。　　(　　)

(2) 能耗制动的制动转矩与通入定子绕组的直流电流成正比，因此电流越大越好。　　(　　)

(3) 按时间原则控制的能耗制动控制电路中，时间继电器整定时间过长会引起定子绕组过热。　　(　　)

(4) 按速度原则控制的能耗制动控制电路中，速度继电器常开触头的作用是避免电动机反转。　　(　　)

(5) 至少有两相定子绕组通入直流电源，才能实现能耗制动。　　(　　)

3. 简答题

(1) 简述三相异步电动机能耗制动的定义、特点及适用场合。

(2) 直流电源能否长时间加在交流电动机的定子绕组中？一般采用哪些方法及时断

开直流电源？

（3）识读图 4-20 所示电路的工作过程。

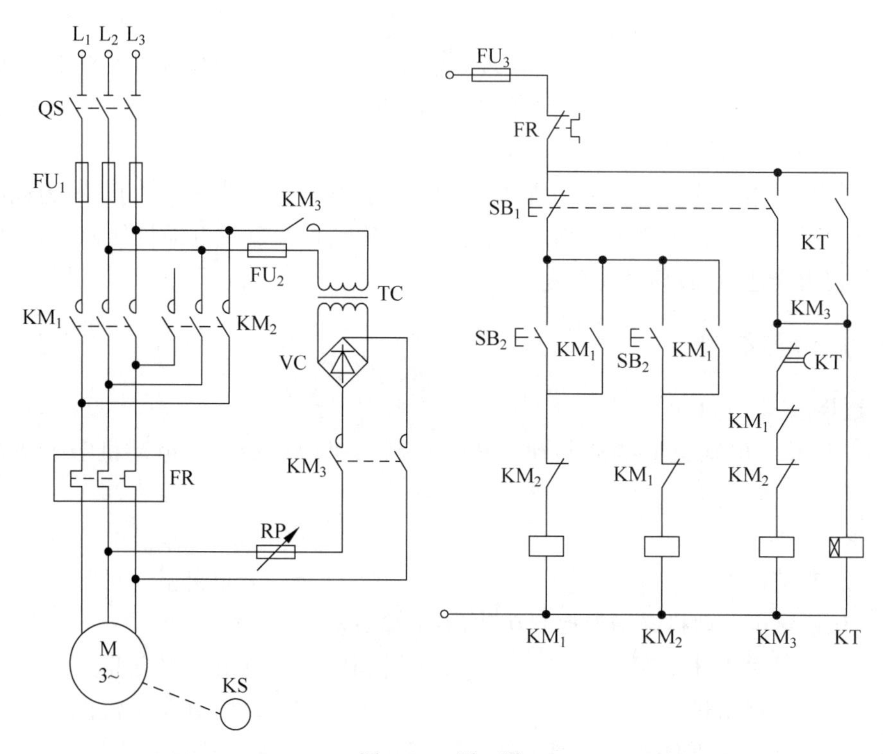

图 4-20 题 5 图

项目5　直流电动机起动与正反转控制电路

学习目标

（1）掌握直流电动机的起动与正反转控制电路及制动与调速控制电路的工作原理。

（2）能够根据他励直流电动机的起动控制电气原理图绘制电气安装接线图，按电气接线工艺要求完成电路的安装接线。

（3）能够根据他励直流电动机的能耗制动控制电气原理图绘制电气安装接线图，按电气接线工艺要求完成电路的安装接线。

（4）能够对所接直流电动机的起动与正反转及制动控制电路进行检查与调试通电试验。

（5）能够用万用表检测和排除常见的电气故障。

任务5.1　他励直流电动机起动控制电路的安装接线

5.1.1　任务描述

直流电动机具有良好的起动、制动与调速性能，容易实现各种运行状态的自动控制，在工业生产中直流拖动系统也得到了广泛的应用。直流电动机有串励、并励、复励和他励四种，其电气控制电路基本相同。本节讨论他励直流电动机的起动电气控制电路。

5.1.2　任务目标

（1）熟练掌握他励直流电动机起动控制电路工作原理。

（2）熟练掌握万用表等仪器、仪表的使用方法。

（3）根据电气原理图绘制电气布置图与电气安装接线图。

（4）按电气接线工艺要求完成电路的安装接线与调试。

（5）处理排查通电试验中出现的故障。

5.1.3　知识链接

1. 认识直流电动机

直流电动机是通以直流电流的旋转电动机，将机械能转换为电能的是直流发电机，将电能转换为机械能的是直流电动机。与交流电动机相比，直流电动机结构复杂，成本高，运行维护较困难。但直流电动机调速性能好，起动转矩大，过载能力强，在起动和调速要求较高的场合获得广泛应用。作为直流电源的直流发电机虽已逐步被晶闸管整流装置所取代,但在电镀、电解行业中仍继续使用。

2. 直流电动机的基本控制方法

直流电动机具有优良的调速特性,调速平稳、方便,调速范围广,过载能力大,能快速起动、制动和反转,可以满足自动化系统各种不同的运行要求。虽然其制造成本和维护费用比交流电动机高,但在对电动机的调速性能和起动性能要求较高的生产机械上仍得到广泛应用。例如,在轧钢机和龙门刨床等重型机床上的主传动机构中,某些电力牵引和起重设备、电车、电力机车都以直流电动机为拖动系统。随着电力电子技术与微处理器的发展及变频器的大量出现,交流电动机变频调速方式已经可以满足生产机械的调速要求。

1)直流电动机的起动控制

直流电动机起动控制的要求与交流电动机类似。直流电动机起动冲击电流大,可达额定电流的10～20倍,因此除小型直流电动机外一般不允许直接起动。即在保证足够大的起动转矩下,尽可能地减小起动电流,再考虑其他要求。

为了保证起动过程中产生足够大的反电动势以减小起动电流和产生足够大的起动转矩,从而加速起动过程,也为了避免空载失磁飞车事故的发生,他励、并励直流电动机起动时,在接通电枢绕组电源时,必须同时或提前接上额定的励磁电压。串励直流电动机的励磁电流和电枢电流是同时接通的。

2)直流电动机的正反转控制

由电磁转矩 $T_{em}=C_T\Phi I_a$ 可知,改变直流电动机的转向有两种方法,一种是当电动机的励磁绕组两端电压的极性不变时,改变电枢绕组两端电压的极性,使电枢电流反向;另一种是电枢绕组两端电压极性不变,只改变励磁绕组两端电压的极性。

采用改变电枢绕组两端电压极性来改变电动机转向时,由于主电路电流较大,故切换功率较大,给使用带来不便。因此,常采用改变直流电动机励磁电流的极性来改变电动机转向的方法。为了避免在改变励磁电流方向过程中,因 $\Phi=0$ 造成的“飞车”现象,通常要求改变励磁电流的同时要切断电枢绕组电源;另外必须同时加设阻容吸收装置消除励磁绕组因触点断开而产生的感应电动势。

3)调速控制

直流电动机最突出的优点是可以在很大的范围内具有平滑、平稳的调速性能。调速方法主要有电枢回路串电阻调速、改变电枢电压调速和改变磁通调速弱磁调速。

与交流电动机类似,直流电动机的电气制动方法有能耗制动、反接制动和再生发电制动等几种方式。

4)制动控制

制动控制的电压平衡方程式为

$$U=E_M+I_M R_m$$

$$E_M=C_e\Phi_n$$

式中,U 为电源电压(V);E_M 为电枢反电动势(V);I_M 为电枢电流(A);R_m 为电枢回路电阻(Ω)。

图5-1所示为直流电动机电枢串二级电阻,按时间原则起动电路。图中 KM_1 为线路

接触器，KM_2、KM_3 为短接起动电阻接触器，KI_1 为过电流继电器，KI_2 为欠电流继电器，KT_1、KT_2 为时间继电器，R_1、R_2 为起动电阻，R_3 为放电电阻。

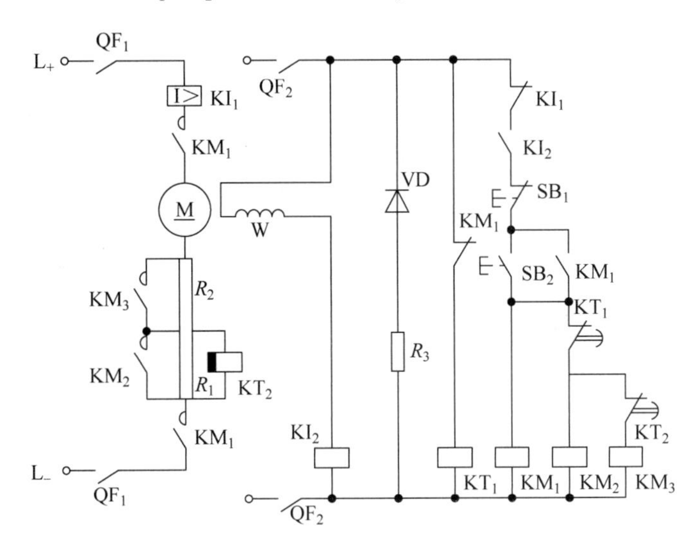

图 5-1　直流电动机电枢串电阻单相旋转起动电路

电路工作原理：合上电动机电枢电源开关 QF_1、励磁与控制电路电源开关 QF_2，KT_1 线圈通电，其常闭触点断开，切断 KM_2、KM_3 线圈电路，确保起动时将电阻 R_1、R_2 全部串入电枢回路。按下起动按钮 SB_2，KM_1 线圈通电并自锁，主触点闭合，接通电枢回路，电枢串入二级起动电阻起动；同时 KM_1 常闭辅助触点断开，KT_1 线圈断电，为延时使 KM_2、KM_3 线圈通电，短接电枢回路起动电阻 R_1、R_2 做准备。在电动机串入 R_1、R_2 起动同时，并接在 R_1 电阻两端的 KT_2 线圈通电，其常闭触点断开，使 KM_3 线圈电路处于断电状态，确保 R_2 串入电枢电路。

经一段时间延时后，KT_1 常闭断电延时闭合触点闭合，KM_2 线圈通电吸合，主触点短接电阻 R_1，电动机转速升高，电枢电流减小。为保持一定的加速转矩，起动中应逐级切除电枢起动电阻。就在 R_1 被 KM_2 主触点短接的同时，KT_2 线圈断电释放，再经一定时间的延时，KT_2 常闭断电延时闭合触点闭合，KM_3 线圈通电吸合，KM_3 主触点闭合短接第 2 段电枢起动电阻 R_2。电动机在额定电枢电压下运转，起动过程结束。

电路保护环节：该电路由过电流继电器 KI_1 实现电动机过载和短路保护；欠电流继电器 KI_2 实现电动机欠磁场保护；电阻 R_3 与二极管 VD 构成电动机励磁绕组断开电源时产生感应电动势的放电回路，以免产生过电压。

3. 他励直流电动机的正反转起动控制

图 5-2 所示为改变直流电动机电枢电压极性实现电动机正反转的电路。图中 KM_1、KM_2 为正、反转接触器，KM_3、KM_4 为短接电枢电阻接触器，KT_1、KT_2 为时间继电器，KI_1 为过电流继电器，KI_2 为欠电流继电器，R_1、R_2 为起动电阻，R_3 为放电电阻，SB_2 为正转起动按钮，SB_3 为反转起动按钮，SQ_1 为反向转正向行程开关，SQ_2 为正向转反向行程开关。起动时电路工作情况与图 5-1 相同，但起动后，电动机将按行程原则自动实现电动机的正转、反转，拖动运动部件实现自动往返运动。电路工作原理由读者自行分析。

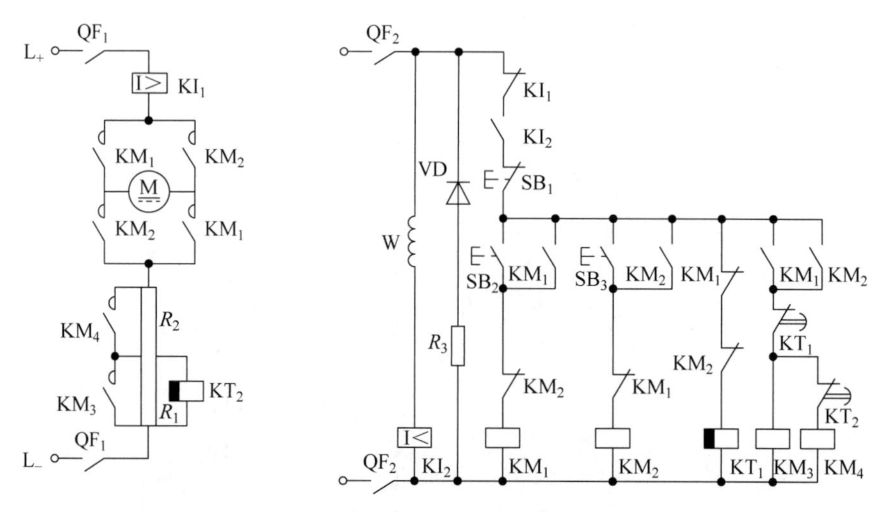

图 5-2　直流电动机正反转起动电路

5.1.4　任务实施

1. 考核内容

(1) 根据他励直流电动机起动控制线路电气原理图绘制电气布置图与电气安装接线图。

(2) 根据电气布置图与电气安装接线图完成他励直流电动机起动控制线路的安装。

(3) 熟悉电动机线路接线工艺要求。

(4) 能够正确调试他励直流电动机起动控制线路。

(5) 能够正确、快速排除线路出现的故障。

2. 考核要求

1) 元器件、工具、材料

(1) 所需工具有常用的电工工具、万用表等。

(2) 所需元器件明细见表 5-1。

表 5-1　元器件明细

图中代号	元器件名称	型号规格	数量	备注
M	直流电动机		1	
QS	转换开关	HZ10-25/3	2	
FU_1	熔断器	RL1-60/25A	3	
FU_2	熔断器	RL1-15/2A	2	
KM	交流接触器	CJ10-10,380V	4	
SB_2,SB_3	起动按钮		2	
SB_1	停止按钮		1	
ST	时间继电器		2	
SQ	行程开关		2	
KI	电流继电器		2	

续表

图中代号	元器件名称	型号规格	数量	备注
R	电阻		1	
—	二极管		1	
—	接线端子	JX2-Y010	2	
—	导线	BV-1.5mm^2,BV-1mm^2	若干	
—	导线	BVR-1mm^2	若干	
—	冷压接头	1mm^2	若干	
—	异型管	1.5mm^2	若干	
—	油记笔	黑(红)色	1	
—	开关板	500mm×400mm×30mm	1	

2）操作内容

(1) 观察控制板结构组成：低压断路器、熔断器、交流接触器、按钮、行程开关、时间继电器、端子排、接线槽。

(2) 安装、接线工艺如下。

① 检查所用元器件的外观是否完整齐全，元器件安装是否牢固，布局是否合理。

② 控制线路的布线原则，先主电路，后控制电路。

③ 导线截面选择。主电路导线的截面根据电动机容量选配，控制电路导线一般采用1mm^2 铜芯线。

④ 板上的元器件可直接连接，槽内走线，不允许跨接。与板外元器件和设备连接时须经过端子排。

⑤ 接线时在剥去绝缘层导线的两端套上异形管，标上与主电路图一致的线号。导线与端子连接时，不得压绝缘层、不得露铜过多。一个接线端子上的连接导线不得多于两根。

⑥ 线路接好后，检查接线端子是否接触良好，有无错接、漏接现象。检查无误后，将线槽盖板盖上，清除控制板上的线头、碎屑等杂物。整理板表面导线，入槽处不要交叉。保持板面干净、整齐、美观。

(3) 控制线路接线。

(4) 通电试验。

3）电路安装

(1) 根据表5-1配齐所用元器件，并检查元器件质量。

(2) 根据原理图画出布置图。

(3) 根据布置图安装元器件，各元器件的安装位置整齐、匀称、间距合理，以便于元器件的更新，元器件紧固时用力均匀，紧固程度适当。

(4) 布线。布线时以接触器为中心，由里向外、由低至高，先电源电路、再控制电路、后主电路进行，以不妨碍后续布线为原则。最后连接按钮，完成控制板图。

(5) 整定热继电器(略)。

(6) 连接电动机和按钮金属外壳的保护接地线。

(7) 连接电动机和电源。

(8) 检查。通电前,应认真检查有无错接、漏接以避免造成不能正常运转或短路事故。

(9) 通电试验。试验时,注意观察接触器情况。观察电动机运转是否正常,若有异常现象应马上停止。

(10) 试验完毕,应遵循停转、切断电源、拆除三相电源线、拆除电动机线的顺序结束工作。

4) 注意事项

(1) 注意接触器、熔断器的接线务必正确,以确保安全。

(2) 要做到安全操作和文明生产。

(3) 编码套管要正确。

(4) 控制板外配线必须加以防护,确保安全。

(5) 电动机及按钮金属外壳必须保护接地。

(6) 通电试验、调试及检修时,必须认真检查并在指导教师允许后进行。

(7) 出现故障,及时断电,排除故障后方可再次通电试验。

5) 额定工时

额定工时为120min。

3. 评分标准

技能自我评分标准见表5-2。

表5-2 "他励直流电动机起动控制线路的安装"技能自我评分标准

项　目	技术要求	配分	评分细则	评分记录
安装前检查	正确无误检查所需元器件	5	元器件漏检或错检,每个扣1分	
安装元器件	按布置图合理安装元器件	15	不按布置图安装,扣3分; 元器件安装不牢固,每个扣0.5分; 元器件安装不整齐、不合理,扣2分; 损坏元器件,扣10分	
布线	按控制接线图正确接线	40	不按控制接线图接线,扣10分; 布线不美观,主线路、控制线路每根扣0.5分; 接点松动,露铜过长,反圈,压绝缘层,标记线号不清楚、遗漏或误标,每处扣0.5分; 损伤导线,每处扣1分	
通电试验	正确整定元器件,检查无误,通电试验一次成功	40	熔体选择错误,每组扣10分; 试验不成功,每返工一次扣5分	
额定工时120min	超时,此项从总分中扣分		每超过5min,从总分中倒扣3分,但不超过10分	
安全、文明生产	遵守安全、文明生产要求		违反安全、文明生产,从总分中倒扣5分	

5.1.5　拓展知识：直流电动机的保护

电动机的保护是为了确保电动机正常运行而设置的，而电动机又是通过电气控制电路来实现对它的控制的，所以对电动机的保护就是对电气控制的保护。常用的保护环节有短路保护、过电流保护、长期过载保护(热保护)、欠电压和零电压保护以及弱磁保护等，它们是电气控制系统不可缺少的组成部分。

1. 短路保护

当电动机、电器、导线的绝缘损坏时，或电气控制电路发生故障时，都有可能发生短路故障与事故。电路中流过很大的短路电流，产生大量的热量，会导致电动机、电器和导线绝缘损坏或发生更严重的后果。因此，一旦发生短路故障，控制电路应能迅速切断电源，这种保护称为短路保护。常用的短路保护元器件有熔断器和断路器。

2. 过电流保护

为了限制电动机的起动或制动电流，可在直流电动机电枢回路中或三相异步电动机的转子或定子电路中串入电阻。若在电动机起动或制动时，由于故障原因将串入电阻短接，或者由于过大的负载都会引起过大的电流，其值比短路电流小。但电动机运行中产生过电流的可能性比发生短路的可能性更大，尤其对于频繁正反转起动和重复短时工作制的电动机更是如此。电动机过电流保护常采用过电流继电器。例如，对直流电动机和三相绕线转子异步电动机过电流保护用的过电流继电器，其动作值一般为起动电流的1.2倍。对于三相笼型异步电动机，当过载系数为2.0～2.2时，短时过电流不会产生严重后果，可以不设置过电流保护。

3. 长期过载保护

过载是指电动机的电流大于其额定电流值。造成过载的原因有负载过大、三相异步电动机断相运行或欠电压运行等。长期过载时，电动机发热，当绕组温升超过允许值时，绝缘材料变脆、寿命降低，严重时电动机会烧坏。常用的长期过载保护元器件有热继电器与断路器。

由于热惯性的原因，热继电器不会受电动机短时过载冲击电流或短路电流的影响而瞬时动作，所以当使用热继电器作长期过载保护时，电动机还必须设有短路保护，而作为短路保护的熔断器，其熔体的额定电流应小于或等于4倍热继电器发热元器件的额定电流。

4. 欠电压和零电压保护

对于正常运行的电动机，若电源电压过分降低，会引起一些控制电器的释放，造成控制电路工作不正常，甚至发生事故；电源电压降低后电动机负载不变，将造成电动机电流增大，引起电动机发热，甚至烧坏电动机；电源电压降低还会引起电动机转速下降，甚至停转。因此，当电动机电源电压降到一定值时，应及时切断电动机电源，对电动机进行保护，这种保护称为欠电压保护。

对于正常运行的电动机，若电源电压因某种原因突然消失，为防止电源电压恢复时电动机自行起动产生事故而设置的保护称为零电压保护。

常用的欠电压保护装置为欠电压继电器，零电压保护装置为零电压保护继电器。对于用按钮与接触器组成的控制电路，利用按钮的自动复位作用和接触器的自锁作用，电路本身已经具备了零电压保护作用，可不必另设零电压保护继电器。

5. 弱磁保护

对于直流电动机，必须在一定的磁场下运行，若磁场太弱或消失，直流电动机转速就会迅速上升，甚至发生“飞车”现象。为此，应采取弱磁保护，此种保护是通过电动机励磁回路中串入欠电流继电器来实现的。在电动机运行时，若励磁电流过小，欠电流继电器将释放，其触点断开电动机电枢回路接触器线圈电路，接触器线圈断电，接触器主触点断开直流电动机电枢回路，电动机断开电源而停车，达到保护电动机的目的。

5.1.6 思考与练习

(1) 列出文字符号 QF、FU、KM、KA、KI、KT、SB、SQ 的意义及相应的图形符号。

(2) 直流电动机的控制有何特点?

(3) 直流电动机常用的起动方法有哪几种?

(4) 直流电动机通常采用哪些起动方法? 简述其工作原理及控制电路的特点。

(5) 直流电动机电气控制系统中常用的保护措施有哪些?

任务 5.2 直流电动机的制动与调速控制电路的安装接线

5.2.1 任务描述

直流电动机的电气制动有能耗制动、反接制动和再生制动。为获得迅速、准确的停车，一般采用能耗制动和反接制动。本节讨论直流电动机的能耗制动控制电路和可逆运转反接制动控制电路。

5.2.2 任务目标

(1) 熟悉直流电动机的制动与调速控制电路工作原理。

(2) 熟悉万用表等仪器、仪表的使用方法。

(3) 根据电气原理图绘制电气布置图与电气安装接线图。

(4) 按照电气接线工艺要求完成直流电动机的制动与调速控制电路的安装接线与调试。

(5) 处理排查通电试验中出现的故障。

5.2.3 知识链接

1. 他励直流电动机的能耗制动控制

1) 单相旋转串电阻起动、能耗制动电路

图 5-3 所示为直流电动机单相旋转串电阻起动、能耗制动电路。图中 KM_1、KM_2、KM_3、KI_1、KI_2、KT_1、KT_2 的作用与图 5-2 相同，KM_4 为制动接触器，KV 为电压继电器。

电路工作原理：电动机起动时电路工作情况与图 5-1 相同，在此不再重复。停止时，按下停止按钮 SB_1，KM_1 线圈断电释放，其主触点断开电动机电枢直流电源，电动机以惯性旋转。由于此时电动机转速较高，电枢两端仍建立了一定的感应电动势，并联在电枢两端的电压继电器 KV 经自锁触点仍保持通电吸合状态。KV 常开触点仍闭合，使 KM_4 线圈通电吸合，其常开主触点将电阻 R_4 并联在电枢两端，电动机实现能耗制动。电动机转速迅速下降，电枢感应电动势也随之下降，当降至一定值时 KV 释放，KM_4 线圈断电，电动机能耗制动结束，自然停止。

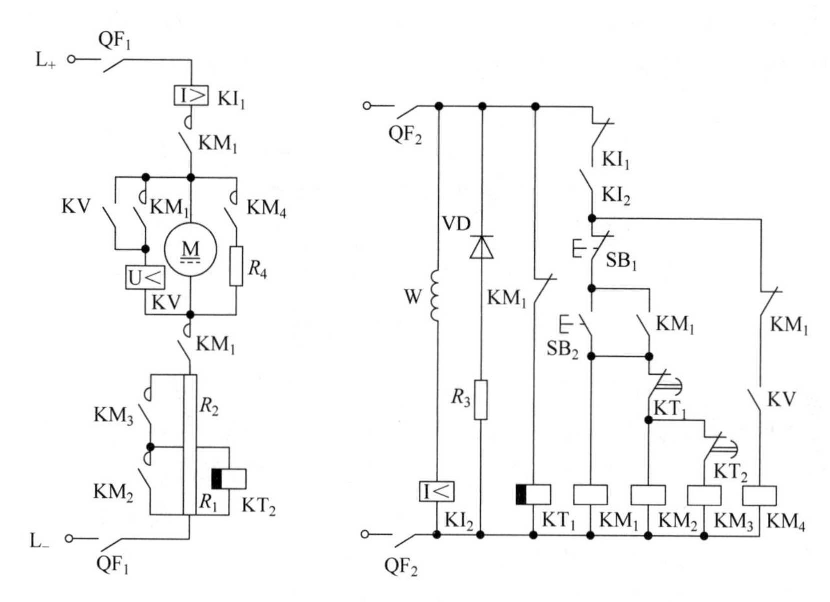

图 5-3　直流电动机单相旋转能耗制动电路

2）电动机可逆旋转反接制动控制电路

图 5-4 为电动机可逆旋转反接制动控制电路。图中 KM_1、KM_2 为电动机正、反转接触器，KM_3、KM_4 为起动短接电阻接触器，KM_5 为反接制动接触器，KI_1 为过电流继电器，KI_2 为欠电流继电器，KV_1、KV_2 为反接制动电压继电器，R_1、R_2 为起动电阻，R_3 为放电电阻，R_4 为反接制动电阻，KT_1、KT_2 为时间继电器，SQ_1 为正转变反转行程开关，

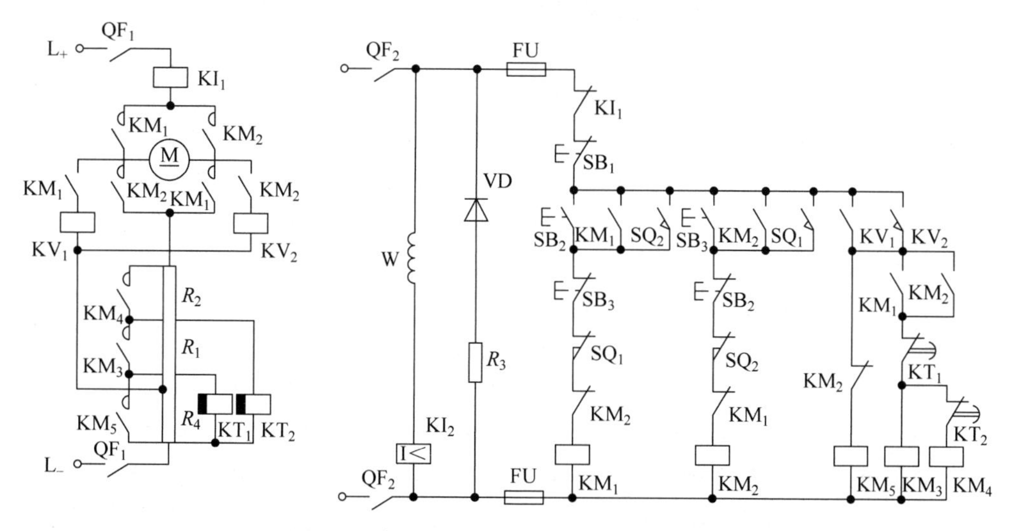

图 5-4　直流电动机可逆旋转反接制动电路

SQ_2 为反转变正转行程开关。

该电路为按时间原则两级起动，能实现正反转并通过 SQ_1、SQ_2 行程开关实现自动换向，在换向过程中能实现反接制动，以加快换向过程。下面以电动机正转运行变反转运行为例来说明电路工作情况。

电动机正在作正向运转并拖动运动部件作正向移动，当运动部件上的撞块压下行程开关 SQ_1 时，KM_1、KM_3、KM_4、KM_5、KV_1 线圈断电释放，KM_2 线圈通电吸合。电动机电枢接通反向电源，同时 KV_2 线圈通电吸合，反接时的电枢电路如图 5-5 所示。

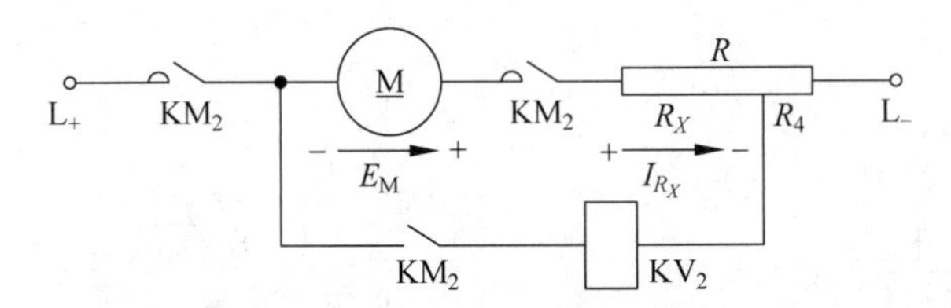

图 5-5 反接时的电枢电路

由于机械惯性，电动机转速以及电动势 E_M 的大小和方向来不及变化，且电动势 E_M 方向与电枢串的电阻 $R_X(R_1+R_2)$ 上的电压降 I_{R_X} 方向相反，此时电压继电器 KV_2 的线圈电压很小，不足以使 KV_2 吸合，KM_3、KM_4、KM_5 线圈处于断电状态，电动机电枢串入全部电阻进行反接制动。电动机转速迅速下降，随着电动机转速的下降，电势 E_M 逐渐减小，电压继电器 KV_2 上电压逐渐增加。当 $n\approx 0$ 时，$E_M\approx 0$，加至 KV_2 线圈电压加大并使其吸合动作，常开触点闭合，KM_5 线圈通电吸合。KM_5 主触点短接反接制动电阻 R_4，电动机电枢串入 R_1、R_2 电阻反向起动，直至反向正常运行，拖动运动部件反向移动。

当运动部件反向移动撞块压下行程开关 SQ_2 时，由电压继电器 KV_1 控制电动机实现反转时的反接制动和正向起动过程。

2. 直流电动机具有能耗制动的正反转控制线路的弱磁调速控制

1）电枢回路串电阻的起动与调速控制电路

图 5-6 所示电路图利用主令控制器 SA 实现直流电动机的起动、调速和停车控制。其工作原理如下。

(1) 起动前的准备。将 SA 的手柄置“0”位。合上主电路断路器 QF_1 和控制电路断路器 QF_2，电动机的并励绕组中流过额定的励磁电流，欠电流继电器 KI_2 得电动作，其常开触点 KI_2 闭合，中间继电器 KA 通过 SA1-2 触点得电并自锁。主电路中过电流继电器 KI_1 不动作。与此同时，时间继电器 KT_1 的线圈也得电，其延时闭合的常闭触点 KT_1 立即断开，断开 KM_2 和 KM_3 线圈的通电回路，保证起动时串入 R_1 和 R_2。

(2) 起动时，将 SA 的手柄由“0”位扳到“3”位，SA1-2 触点断开，其他三对触点闭合。此时 KM_1 线圈得电，其主触点闭合使电动机 M 串 R_1、R_2 起动，同时 KM_1 常闭触点断开，使 KT_1 线圈断电并开始延时。起动电阻 R_1 上的电压降使并联在其两端的 KT_2 线圈得电，其延时闭合的常闭触点断开。当 KT_1 延时到，其延时闭合的常闭触点 KT_1 闭合，KM_2 线圈得电。KM_2 的常开触点闭合，切除起动电阻 R_1，电动机进一步加速，同时 KT_2 线圈被短接，KT_2 开始延时，延时到，其延时闭合的常闭触点 KT_2 闭合，接触器 KM_3 线

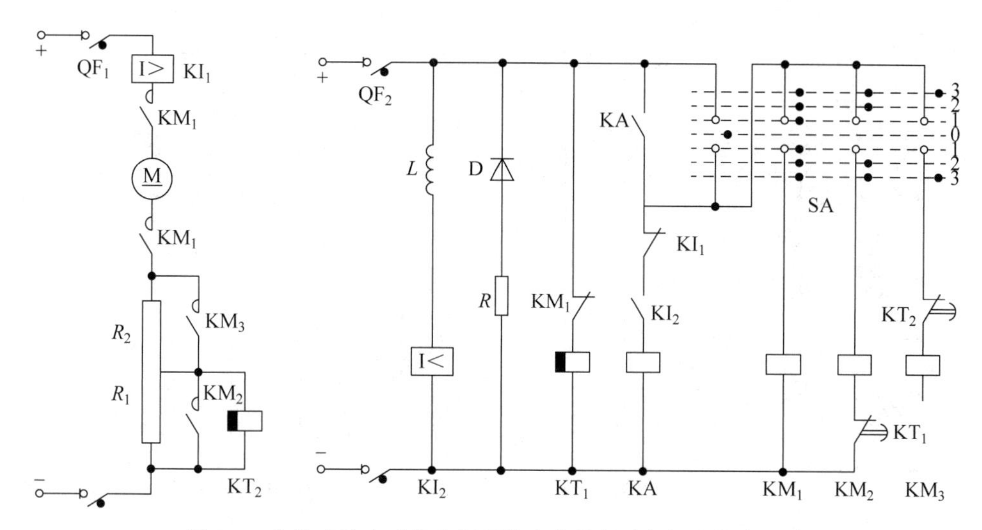

图 5-6　他励直流电动机电枢回路串电阻起动与调速控制电路

圈得电，KM_3 的主触点闭合，切除电阻 R_2，电动机再次加速，进入全电压运转，起动过程结束。

(3) 调速。低速时，将 SA 扳到"1"或"2"位，电动机在电枢串有两段或一段电阻下运行，其转速低于主令控制器处在"3"位时的转速。例如，将 SA 扳到 1 位，KM_2、KM_3 都不能得电，电动机串 R_1 和 R_2 运行。在调速过程中 KT_1 和 KT_2 的延时作用是保证电动机 M 有足够的加速时间，避免由于电流突变引起传动系统过大的冲击。

(4) 保护。电动机发生过载和短路时，主回路过电流继电器 KI_1 立即动作，切断 KA 的通电回路，KM_1、KM_2、KM_3 线圈均断电，使电动机脱离电源。

欠电流继电器 KI_2 的作用是当励磁线圈断路或励磁电流减小时，KI_2 动作，其闭合的常开触点切断 KA 线圈电路，电动机断电，起到失磁和弱磁保护的作用。

主令控制器 SA 具有零压保护和零位保护的作用。SA 手柄处于"0"位，KA 才能接通，避免了电动机的自起动，起零压保护作用；另外，也保证了电动机在任何情况下总是从低速到高速的安全加速起动过程，这种保护称零位保护。

电路中二极管 D 与电阻 R 串联构成励磁绕组的吸收回路，以防止在停止时由于过大的自感电动势引起励磁绕组的绝缘击穿，并保护其他元器件。

2) 具有能耗制动的正反转控制电路

具有能耗制动的正反转控制电路如图 5-7 所示。电路中的两级电阻 R_1 和 R_2 具有限流和调速的作用。

(1) 起动前的准备。将 SA 置于"0"位。合上 QF_1 和 QF_2，电动机的并励绕组中流过额定的励磁电流，欠电流继电器 KI_2 得电动作，其常开触点 KI_2 闭合，中间继电器 KA 得电并自锁。主电路中过电流继电器 KI_1 不动作，与此同时，断电时间继电器 KT_1 的线圈也得电，其延时闭合的常闭触点 KT_1 处于断开状态，断开 KM_2 和 KM_3 线圈的通电回路，保证起动时串入 R_1 和 R_2。

(2) 起动与调速。将 SA 的手柄向左由"0"位扳到"1"位，KM_2 线圈得电，其常开辅助触点闭合使 KM_1 线圈得电，KM_2、KM_1 主触点闭合，电动机接通电源，串 R_1、R_2 起动，此

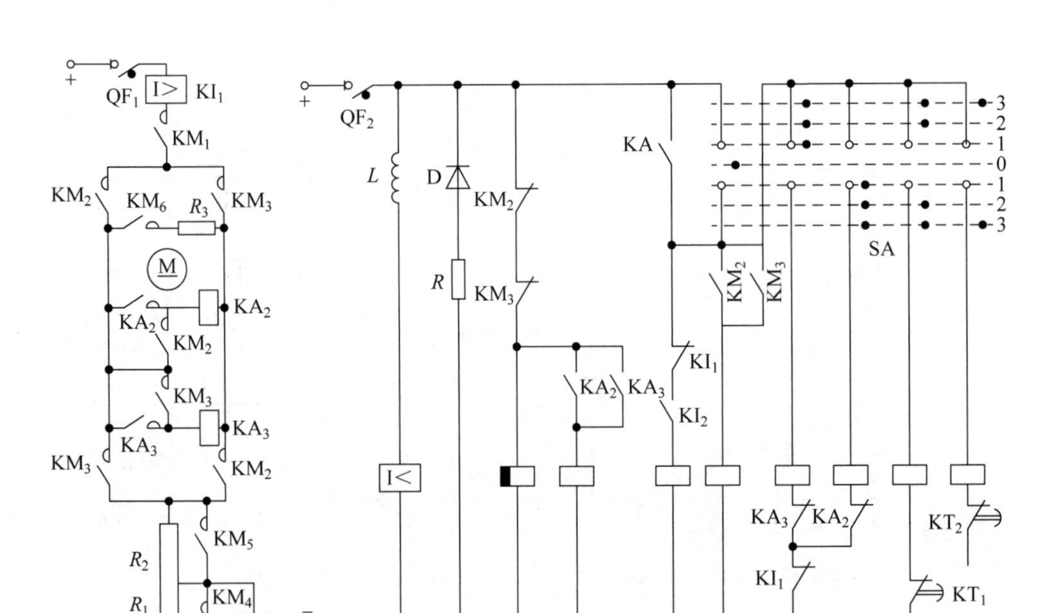

图 5-7　具有能耗制动的正反转控制电路

时电枢电压为左正右负，电动机正转。同时 KM_2 常闭辅助触点断开，使 KT_1 线圈断电并开始延时，KM_2 常开辅助触点闭合，使 KA_2 线圈得电，KA_2 常开触点闭合，为接通 KM_6 线圈做准备。起动电阻 R_1 上的电压降使并联在其两端的 KT_2 线圈得电，其延时闭合的常闭触点断开。当 KT_1 延时到，其延时闭合的常闭触点 KT_1 闭合，为电动机进一步加速做准备。需要电动机加速时，将 SA 手柄向左由“1”扳到“2”位，KM_4 线圈得电。KM_4 的主触点闭合，切除起动电阻 R_1，电动机进一步加速；同时 KT_2 线圈被短接，KT_2 开始延时，延时到，其延时闭合的常闭触点 KT_2 闭合，为接触器 KM_5 线圈得电做准备。将 SA 手柄向左由“2”扳到“3”位，KM_5 线圈得电，KM_5 的主触点闭合，切除电阻 R_2，电动机再次加速，进入全电压运转，起动过程结束。

（3）制动。将 SA 手柄由左扳回“0”位，KM_2 线圈断电，其主触点断开电动机电源，其常闭辅助触点闭合使 KM_6 线圈得电，其主触点闭合，接通 R_3 电阻，电动机进入能耗制动状态。由于电动机的惯性，在励磁保持情况下，电枢导体切割磁场而产生感应电动势，使 KA_2 中仍有电流没有释放，当转速降到一定数值时，KA_2 断电，制动结束。电路恢复到原始状态，准备重新起动。

电动机处于反转状态，其停止的制动过程与上述过程相似，不同的只是利用中间继电器 KA_3 进行控制。

当用主令开关手柄从正转扳到反转时，利用继电器 KA_2（在制动结束以前一直是吸合的）断开了反转接触器 KM_3 线圈的回路，保证先进行能耗制动，后改变转向。所以即使主令开关处于反转 3 位，也不能接通反转接触器。当主令开关从反转瞬间扳到正转时，情况类似，读者可自己进行分析。

5.2.4 任务实施

1. 考核内容

(1) 根据他励直流电动机能耗制动控制线路电气原理图绘制电气布置图与电气安装图。

(2) 根据电气布置图与电气安装接线图完成他励直流电动机能耗制动控制线路的安装。

(3) 熟练掌握电动机线路接线工艺要求。

(4) 正确调试他励直流电动机能耗制动控制线路。

(5) 能够正确、快速排除线路出现的故障。

2. 考核要求

1) 元器件、工具、材料

(1) 所需工具有常用的电工工具、万用表等。

(2) 所需元器件明细见表5-3。

表5-3　元器件明细

图中代号	元器件名称	型号规格	数量	备　注
M	直流电动机		1	
SA	转换开关	HZ10-25/3	2	
FU_1	熔断器	RL1-60/25A	3	
FU_2	熔断器	RL1-15/2A	2	
KM	交流接触器	CJ10-10,380V	4	
SB_2,SB_3	起动按钮		2	
SB_1	停止按钮		1	
KT	时间继电器		2	
SQ	行程开关		2	
KI	电流继电器		2	
R	电阻		1	
—	二极管		1	
—	接线端子	JX2-Y010	2	
—	导线	BV-1.5mm^2,BV-1mm^2	若干	
—	导线	BVR-1mm^2	若干	
—	冷压接头	1mm^2	若干	
—	异型管	1.5mm^2	若干	
—	油记笔	黑(红)色	1	
—	开关板	500mm×400mm×30mm	1	

2) 操作内容

(1) 观察控制板结构组成：低压断路器、熔断器、交流接触器、按钮、行程开关、时间继电器、端子排、接线槽。

(2) 安装、接线工艺。

① 检查所用元器件的外观是否完整齐全，元器件安装是否牢固，布局是否合理。

② 控制线路的布线原则，先主电路，后控制电路。

③ 导线截面选择。主电路导线的截面根据电动机容量选配，控制电路导线一般采用 $1mm^2$ 铜芯线。

④ 板上的元器件可直接连接，槽内走线，不允许跨接。与板外元器件和设备连接时须经过端子排。

⑤ 接线时在剥去绝缘层导线的两端套上异形管，标上与主电路图一致的线号。导线与端子连接时，不得压绝缘层、不得露铜过多。一个接线端子上的连接导线不得多于两根。

⑥ 线路连接好后，检查接线端子是否接触良好，有无错接、漏接现象。检查无误后，将线槽盖板盖上，清除控制板上的线头、碎屑等杂物。整理板表面导线，入槽处不要交叉。保持板面干净、整齐、美观。

(3) 控制线路接线。

(4) 通电试验。

3) 电路安装

(1) 根据表 5-3 配齐所用元器件，并检查元器件质量。

(2) 根据原理图画出布置图。

(3) 根据元器件布置图安装元器件，各元器件的安装位置整齐、匀称、间距合理，便于元器件的更新，元器件紧固时用力均匀，紧固程度适当。

(4) 布线。布线时以接触器为中心，由里向外、由低至高，先电源电路、再控制电路、后主电路进行，以不妨碍后续布线为原则。最后连接按钮，完成控制板图。

(5) 整定热继电器(略)。

(6) 连接电动机和按钮金属外壳的保护接地线。

(7) 连接电动机和电源。

(8) 检查。通电前，应认真检查有无错接、漏接以避免造成不能正常运转或短路事故。

(9) 通电试验。试验时，注意观察接触器情况。观察电动机运转是否正常，若有异常应立刻停止。

(10) 试验完毕，应遵循停转、切断电源、拆除三相电源线、拆除电动机线的顺序结束工作。

4) 注意事项

(1) 注意接触器熔断器的接线务必正确，以确保安全。

(2) 要做到安全操作和文明生产。

(3) 编码套管要正确。

(4) 控制板外配线必须加以防护，确保安全。

(5) 电动机及按钮金属外壳必须保护接地。

(6) 通电试验、调试及检修时，必须认真检查并在指导教师允许后进行。

(7) 出现故障应及时断电，排除故障后方可再次通电试验。

5) 额定工时

额定工时为 120min。

3. 评分标准

技能自我评分标准见表 5-4。

表 5-4 “他励直流电动机起动控制线路的安装”技能自我评分标准

项　目	技术要求	配分	评分细则	评分记录
安装前检查	正确无误检查所需元器件	5	元器件漏检或错检，每个扣1分	
安装元器件	按布置图合理安装元器件	15	不按布置图安装，扣3分； 元器件安装不牢固，每个扣0.5分； 元器件安装不整齐、不合理，扣2分； 损坏元器件，扣10分	
布线	按控制接线图正确接线	40	不按控制接线图接线，扣10分； 布线不美观，主线路、控制电路每根扣0.5分； 接点松动，露铜过长，反圈，压绝缘层，标记线号不清楚、遗漏或误标，每处扣0.5分； 损伤导线，每处扣1分	
通电试验	正确整定元器件，检查无误，通电试验一次成功	40	熔体选择错误，每组扣10分； 试验不成功，每返工一次扣5分	
额定工时120min	超时，此项从总分中扣分		每超过5min，从总分中倒扣3分，但不超过10分	
安全、文明生产	按照安全、文明生产要求		违反安全、文明生产，从总分中倒扣5分	

5.2.5 拓展知识：串励直流电动机的控制电路

串励直流电动机主要有两个特点：①具有较大的起动转矩，起动性能好。这是因为串励电动机的励磁绕组和电枢绕组串联。起动时，磁路未达饱和，电动机的起动转矩与电枢电流的平方成正比，从而可以产生较大的起动转矩。②过载能力较强。由于串励电动机的机械特性是双曲线，机械特性较软，当电动机的转矩增大时，其转速显著下降，使得串励电动机能自动保持恒功率运行，不会因转矩过大而过载。因此，在要求起动转矩大、当负载变化时转速也允许变化的恒功率负载场合，如起重机、吊车、电力机车等，宜采用串励直流电动机。

1. 起动控制线路

串励电动机和他励电动机一样，常采用电枢回路串联起动电阻的方法进行起动，以限制起动电流。

串励电动机串联二级电阻起动的控制电路如图5-8所示。

线路工作原理分析如下：起动时合上电源开关QF，时间继电器KT_1线圈得电，其常闭触点瞬时断开，以保证电动机起动时串入全部电阻。

按下起动按钮SB_2，接触器KM_1线圈得电，其主触点闭合，串励直流电动机串联电阻R_1和R_2起动。并接在电阻R_1两端的时间继电器KT_2吸合，KT_2常闭触点瞬时断开，同时由于KM_1常闭触点断开，KT_1线圈断电，经过一定时间，KT_1的常闭触点延时恢复

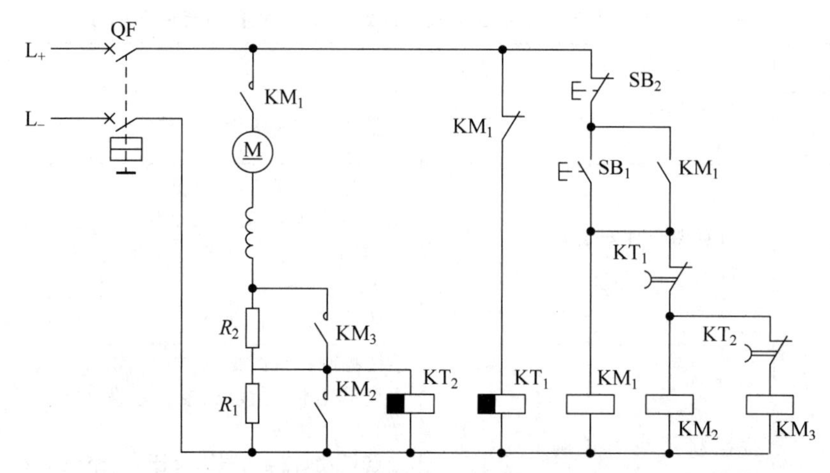

图 5-8　串励直流电动机串电阻起动控制线路

闭合，使接触器 KM_2 线圈得电，KM_2 的常开触点闭合短接电阻 R_1，电动机加速运转，而 KT_2 线圈断电。经过一定时间，KT_2 的常闭触点延时恢复闭合，接触器 KM_3 线圈得电，KM_3 的常开触点闭合短接电阻 R_2，电动机正常工作。

必须注意的是，串励电动机起动时，切忌空载或轻载起动及运行。因为空载或轻载时，电动机转速很高，会使电枢因离心力过大而损坏，所以起动时至少要带 20%～30%的额定负载。注意电动机要与生产机械直接耦合，禁止使用带传动，以防止带滑脱而造成严重事故。

停车时，按下停止按钮 SB_1 即可。

2. 正反转控制线路

串励直流电动机常采用励磁绕组反接法实现正反转，即保持串励电动机电枢绕组电流方向不变，而靠改变励磁电流方向实现电动机的正反转。这是因为串励电动机电枢绕组两端的电压很高，而励磁绕组两端的电压较低，反接更容易。例如，内燃机车和电力机车的反转均采用此方法。

串励电动机正反转控制电路如图 5-9 所示。

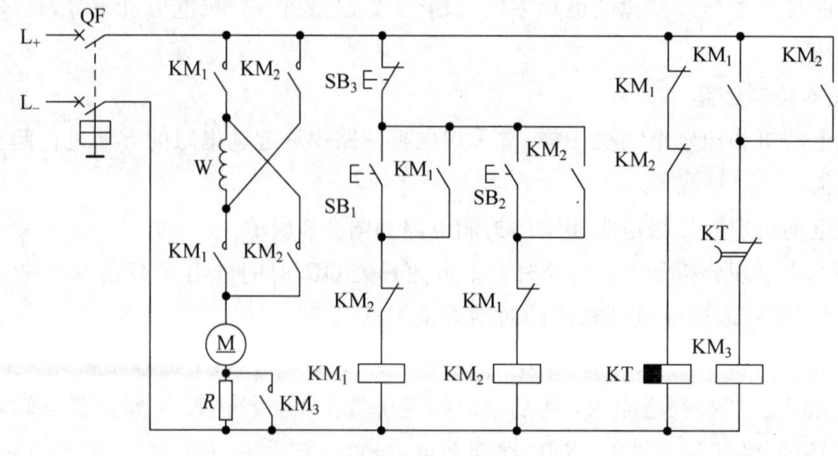

图 5-9　串励电动机正反转控制电路

线路工作原理如图 5-10 所示。起动时，合上电源开关 QF，KT 线圈得电，KT 延时闭合的常闭触点瞬时断开，使 KM_3 处于断电状态，以保证电动机 M 串接电阻 R 起动。

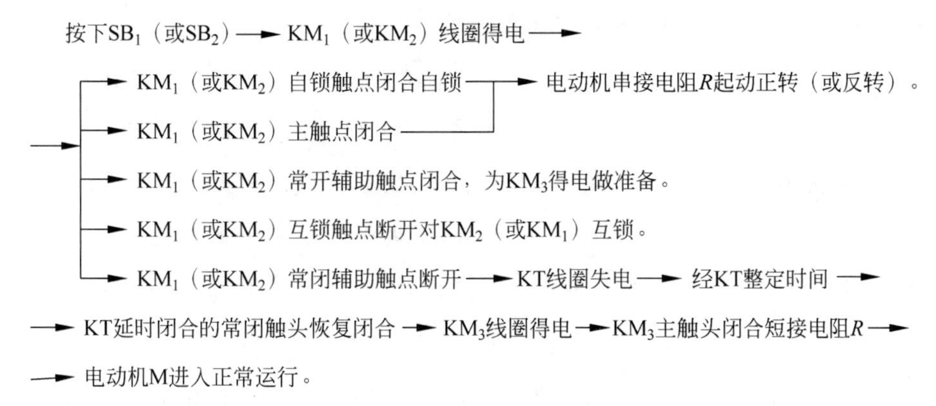

图 5-10　正反转控制线路工作原理

停车时，按下停止按钮 SB_3 即可。

3. 制动控制线路

由于串励电动机的理想空载转速趋于无穷大，运行中不可能满足回馈制动（再生发电制动）的条件，因此，串励电动机如果采用回馈制动，必须将串励电动机适当改接成他励后才可实现。串励电动机常用的电气制动的方法有能耗制动和反接制动两种。

1）能耗制动

串励直流电动机的能耗制动分为自励式和他励式两种。由于他励式的制动方法不仅需要外加直流电源设备，而且励磁电路消耗的功率也较大，所以经济性较差。在此仅介绍自励式能耗制动。

串励式电动机自励式能耗制动的控制电路如图 5-11 所示。自励式能耗制动就是在电动机切断电源后，先将励磁绕组反接，然后与电枢绕组和制动电阻串联，构成闭合回路。此时，惯性运转的电枢处于自励发电状态，而产生的电磁转矩与原方向相反，迫使电动机迅速停转，达到制动目的。

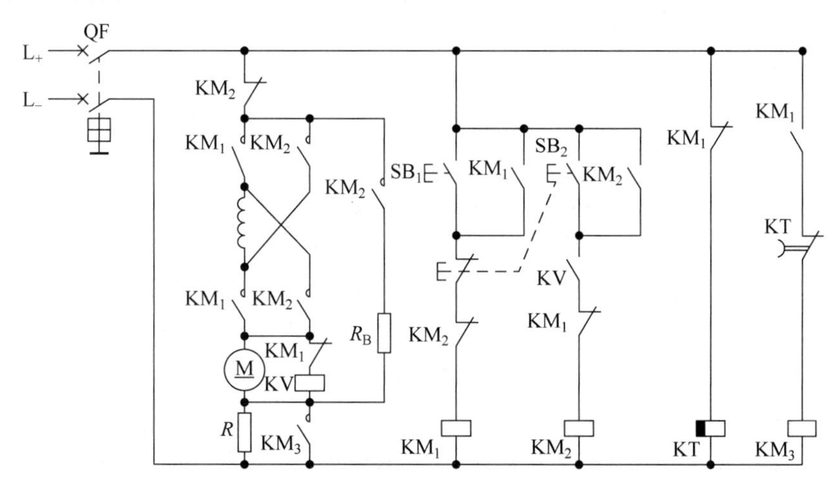

图 5-11　串励电动机自励式能耗制动控制线路图

线路工作原理如下。

(1) 串联电阻起动运转。合上电源开关 QF,时间继电器 KT 线圈得电,KT 延时闭合的常闭触点瞬时断开,保证电动机串联电阻起动。如图 5-12 所示

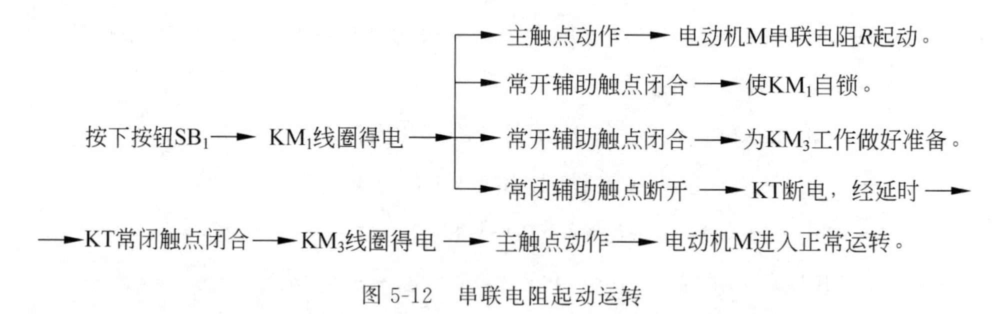

图 5-12 串联电阻起动运转

在电动机起动过程中,当电枢两端电压升高到一定值时,欠压继电器 KV 线圈得电吸合,KV 常开触点闭合,为电机能耗制动做准备。

(2) 能耗制动停转过程如图 5-13 所示。

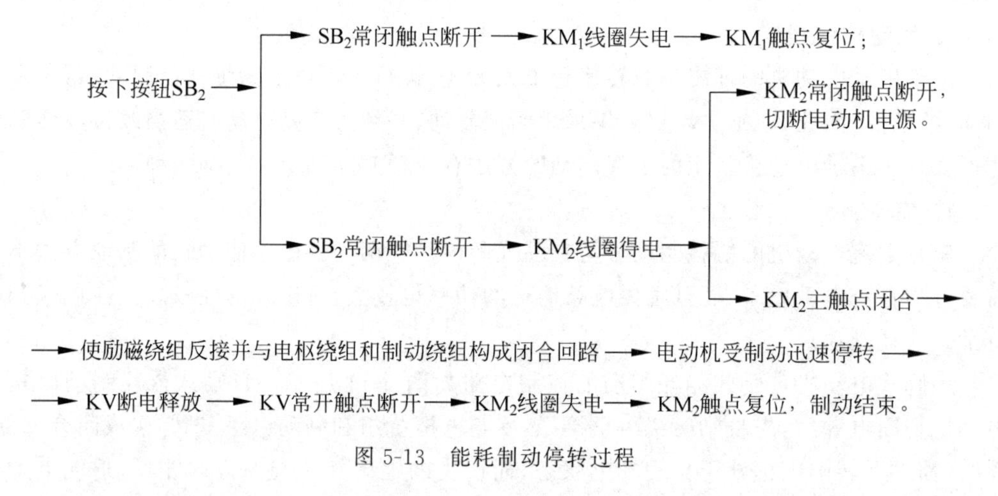

图 5-13 能耗制动停转过程

自励式能耗制动设备简单,价格较低,在电动机刚开始制动时,制动转矩最大,制动效果最好;随着转速的降低,制动转矩减小,制动效果变差。

2) 反接制动

串励电动机的反接制动可以通过两种方法实现:①电枢直接反接法;②位能负载时转速反向法。

(1) 电枢直接反接法。电枢直接反接法是在制动时,保持串励电动机励磁电流方向不变,而将电枢绕组电源反接,从而实现制动的一种方法。采用电枢反接制动时,必须注意两点:①不能直接将电源极性反接,否则,由于电枢电流和励磁电流同时反向,并不能起到制动作用;②在反接制动时,电枢绕组必须串入制动电阻。

串励电动机反接制动控制电路如图 5-14 所示。

线路工作原理如下:准备起动时,将主令控制器 SA 手柄扳到位置"0",SA 触点(1—2)闭合,合上电源开关 QF,零压继电器 KV 得电,KV 常开触点闭合自锁。

电动机正转时,将控制器 SA 手柄向前扳向位置"1",SA 触点(2—4)、(2—5)闭合,使

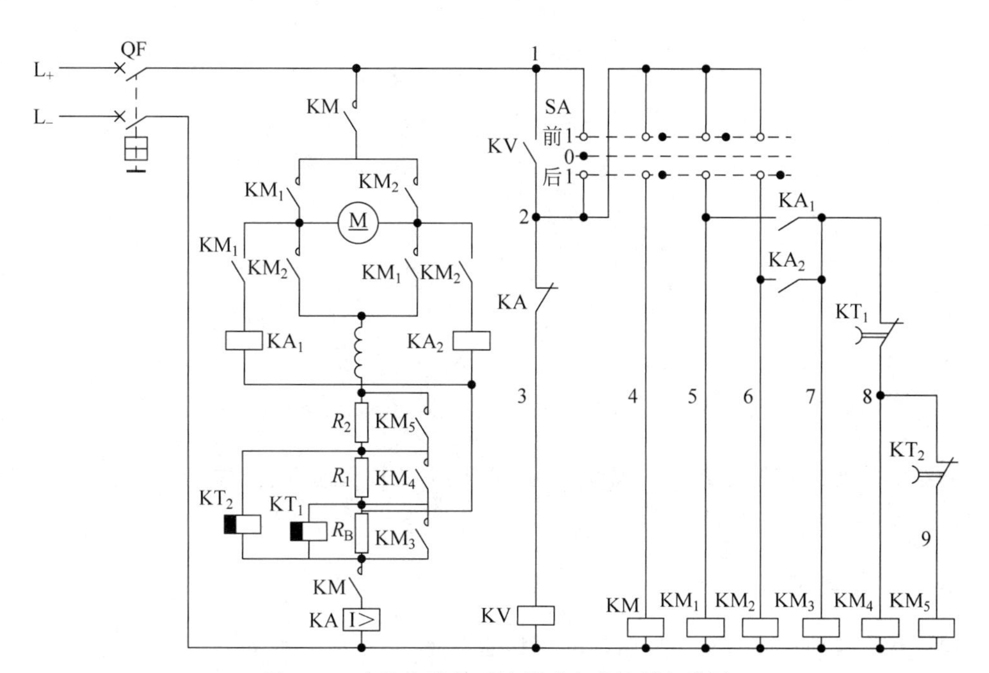

图 5-14　串励电动机反接制动自动控制电路图

接触器 KM 和正转接触器 KM_1 线圈得电，它们的主触点闭合，电动机 M 串入起动电阻 R_1、R_2 和反接制动电阻 R_B 起动；同时，时间继电器 KT_1、KT_2 线圈得电，它们的常闭触点瞬时断开，接触器 KM_4、KM_5 处于断电状态；KM_1 的常开辅助触点闭合，使中间继电器 KA_1 线圈得电，KA_1 常开触点闭合，使接触器 KM_3、KM_4、KM_5 依次得电动作，它们的常开触点依次闭合短接电阻 R_B、R_1、R_2，电动机起动后开始正常运转。

若需要电动机反转时，将主令控制器 SA 手柄由正转位置"1"向后扳向反转位置"2"，SA 触点(2—5)断开，接触器 KM_1 和中间继电器 KA_1 失电，其触点复位，接触器 KM_3、KM_4、KM_5 线圈也断电，电动机 M 串入起动电阻 R_1 和 R_2 以及反接制动电阻 R_B。电动机在惯性作用下仍沿正向转动。SA 触头(2—6)闭合，使电枢电源由于接触器 KM、KM_2 的接通而反向，电动机运行在反接制动状态。当转速降到接近零时，KA_2 线圈上的电压升至吸合电压，KA_2 线圈得电，KA_2 常开触点闭合，使 KM_3 得电动作，R_B 被短接，电动机开始反转起动运转。若要电动机停转，把主令控制器手柄扳向位置"0"即可。其详细过程读者可自行分析。

(2) 位能负载时转速反向法就是强迫改变电动机的转向，使电动机的转向与电磁转矩的方向相反，以实现制动。例如，提升机放下重物时，电动机在重物(位能负载)的作用下，转速 n 与电磁转矩 T_{em} 反向，使电动机处于制动状态，如图 5-15 所示。

4. 调速控制线路

串励电动机的电气调速方法与他励电动机的电气调速方法相同，有电枢回路串联电阻调速、改变主磁通调速和改变电枢电压调速三种方法。其中，应用改变主磁通调速方法时，串励电动机与他励电动机在励磁电路中变阻器的接入方式不同。小型串励电动机常采用在励磁绕组两端并联变阻器的方法进行调磁调速。在大型串励电动机上，常通过改

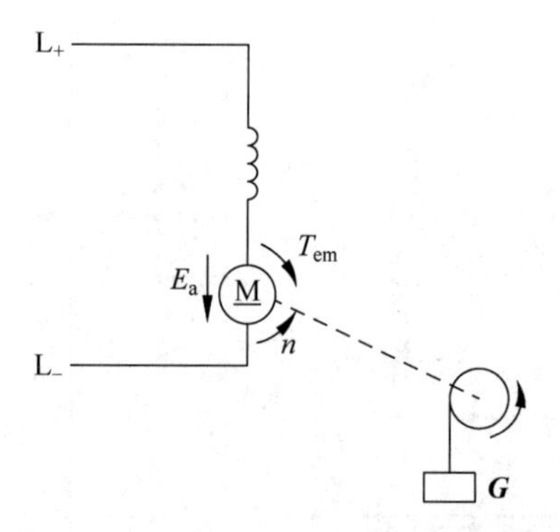

图 5-15 串励电动机转速反向法制动原理图

变励磁绕组匝数或接线方式来实现调磁调速。以上几种调速方法的控制线路及原理与他励电动机基本相似，在此不再详述。

5.2.6 思考与练习

(1) 直流电动机通常采用哪两种电气制动方法？

(2) 简述他励直流电动机的能耗制动控制的工作原理及控制电路的特点。

参 考 文 献

[1] 李长军.电动机控制电路一学就会[M].北京：电子工业出版社，2012.
[2] 刘新宇.电气控制技术基础及应用[M].北京：中国电力出版社，2010.
[3] 徐建俊，居海清.电机与电气控制项目教程[M].北京：机械工业出版社，2022.
[4] 张运波，刘淑荣.工厂电气控制技术[M].北京：高等教育出版社.2004.
[5] 李崇华.电气控制技术实训教程[M].重庆：重庆大学出版社，1998.